动物安全生产

案例

沈水宝　主编

广西科学技术出版社

·南宁·

图书在版编目（CIP）数据

动物安全生产案例/沈水宝主编.—南宁：广西
科学技术出版社，2023.3
ISBN 978-7-5551-1928-9

Ⅰ.①动… Ⅱ.①沈… Ⅲ.①畜禽—饲养管理—案例
Ⅳ.① S815

中国国家版本馆 CIP 数据核字（2023）第 048276 号

DONGWU ANQUAN SHENGCHAN ANLI

动物安全生产案例

沈水宝　主编

责任编辑：梁诗雨　　　　　　　　　　　　装帧设计：梁　良
责任校对：吴书丽　　　　　　　　　　　　责任印制：韦文印

出　版　人：卢培钊
出版发行：广西科学技术出版社
社　　　址：广西南宁市东葛路66号　　　　　邮政编码：530023
网　　　址：http://www.gxkjs.com

经　　　销：全国各地新华书店
印　　　刷：广西民族印刷包装集团有限公司

开　　　本：787 mm × 1092 mm　　1/16
字　　　数：120千字　　　　　　　　　　　印　　张：9.5
版　　　次：2023年3月第1版
印　　　次：2023年3月第1次印刷
书　　　号：ISBN 978-7-5551-1928-9
定　　　价：68.00元

编　委　会

主　　编　沈水宝

副 主 编　邹彩霞　林　波　刘兴廷　孔志伟

参编人员（按姓氏笔画排序）

王芷涵　韦晓芳　刘　巍　李　春　李悦伊

张文辉　张淑芳　陈　炜　陈火兰　林柏羽

高秋玲　隆育瑶　雷丽莉　廖　莹

作者简介

沈水宝　华南农业大学动物营养学博士，国务院政府特殊津贴专家，生物饲料开发国家研究工程中心广西分中心主任，广西饲料工业协会会长，广西大学动物科学技术学院副教授。曾担任广西饲料集团公司副总经理兼技术总监，罗氏（中国）有限公司华南区技术服务经理，广东江门生物饲料有限公司董事、总经理，新希望集团饲料技术总监，中粮集团中粮饲料有限公司技术总监等职，在品质管理、饲料配方和技术服务等方面有丰富的实战经验。2007年获教育部科学技术进步奖一等奖（排名第三）、2008年获国家科学技术进步奖二等奖（排名第三）、2014年获湖南省科学技术进步奖一等奖（排名第八）。发表科技论文40余篇。

序 一

食品安全是最基本的安全，作为畜牧业工作者，我认为把食品安全做好，保障老百姓吃得安全和放心，是贯彻党的二十大精神最具体的体现，也是每一位畜牧业工作者的根本责任。

随着我国畜牧业的快速发展，人们从有得吃，到吃得饱，再到现在要吃得好，食品安全已成为老百姓最关心的民生话题之一。动物安全生产是食品安全最基本的保障，其不仅体现在生产水平和经济效益的提高，更体现在减少对环境的污染的同时提供安全、美味、健康的动物产品，保障人民健康。因此，普及动物安全生产的基本知识和技术，增强广大从业者和消费者的食品安全意识，显得十分重要。

沈水宝博士主编的《动物安全生产案例》，从理论与实践相结合的角度，总结了大量与动物安全生产有关的案例，在做好动物安全生产方面提供了很好的借鉴。沈水宝博士是一位注重理论联系实际的专家，他在国内知名企业工作25年，后来又带着丰富的经验回到大学的课堂，把一些实际生产案例带到大学讲堂，将教学与实现有机融合。该书是沈水宝博士多年的实践总结之一，其既可以作为大学本科生、研究生的辅助教材，也可以作为实现乡村产业兴旺的参考书。

《动物安全生产案例》有以下五个特点：一是不侧重讲理论，而是侧重讲述实践案例，这些案例有具体的做法可以借鉴。二是把改善养殖环境作为动物安全生产的重要保障，这也是动物安全生产的薄弱环节，但目前还没有引起社会足够重视。三是站在保障食品安全与营养的角度思考问题，只有高品质的畜禽产品才能满足人民对美好生活的向往，因此优质肉、高品质蛋都是高质量畜牧业生产的目标。四是列举的案例既有成功的经验，又有失败的教训，让读者从中受益。五是对每个案例都补充了启示和展望，可以引导畜牧业工作者对未来发展的思考。

民以食为天，食以安为先，安以康为贵。把保障人民健康放在优先发展的战略位置，畜禽牧业高质量发展是大势所趋，我们一起为此共同努力。

是为序。

华南农业大学教授 冯定远

2023 年 2 月 11 日

序　二

动物安全生产是保障食品安全的重要前提，保证动物健康，生产安全的畜禽产品，同时兼顾环境效益和人类大健康，是畜牧业工作者的共同责任。因此，把好动物安全生产关，对于保障老百姓吃得安全和放心具有十分重要的意义。

近年来，随着我国经济的快速发展，动物养殖业得到蓬勃发展，集约化和标准化成为一种趋势。我们也应该清醒地看到，在这种发展趋势下存在的一些需要去解决的食品安全隐患和环境污染的问题，尤其是食品安全问题不容乐观。在整个动物生产体系中，遗传育种、繁殖、动物营养、畜禽环境卫生、食品安全等学科协调发展，因此"动物安全生产"也成为一门重要的课程，其阐述了动物安全生产相关的理论知识和技术，对普及动物安全生产知识和增强食品安全意识起到积极作用。但是，畜禽产品安全性的理论知识和生产实践如何有机结合，一直是个空白研究领域，需要不断地进行总结和完善。

沈水宝博士主编的《动物安全生产案例》一书很好地总结了动物安全生产的一些实践案例，其中，通过畜禽养殖环境控制案例、楼房养猪案例和动物福利案例等来说明现代生态养殖是打造食品安全的发展方向；通过广西优质黄羽肉鸡案例、高端蛋品案例和广西水牛奶案例等来说明动物安全生产具体实践存在的优势与劣势，启发行业同仁在高质量畜牧生产中不断创新。《动物安全生产案例》一书可以作为大学本科生、研究生学习畜牧学课程的辅助教材，还可以作为乡村振兴科技工作者乃至广大消费者的科普读物，对于推动动物安全生产和畜禽业高质量发展，保障老百姓吃上安全、放心的畜禽产品有重要的意义。

是为序。

中国工程院院士

2023 年 2 月 11 日

前　言

　　党的二十大报告强调，要紧紧抓住人民最关心最直接最现实的利益问题，着力解决好人民群众急难愁盼问题。吃上安全健康的食物就是人民最关心、最直接、最现实的问题之一，因此，老百姓对食品最大的关切概括起来就是6个字：优质、多样、个性。其中，优质最为突出的特点就是吃得安全、放心。绿色、安全与放心的农产品是农业供给侧结构性改革最重要的关注点。肉食品要做到绿色安全与放心，就是要从源头抓起，即动物安全生产。

　　随着生活水平的不断提高，人民对优质蛋白质的需求不断增加，其中，肉、蛋、奶是人体所需优质蛋白质的重要来源。随着畜禽业的发展，畜禽养殖场和养殖规模扩大，畜禽生产的排泄物及由畜禽饲料和畜禽产品带来的有毒、有害残留物对生态环境与人类健康的影响日益显现。因此，动物安全生产对于保障食品安全就显得特别重要。

　　由于动物生产有其行业特点，畜牧学本科专业的基础课和专业基础课无法完全满足动物生产需要，"动物安全生产"课程就成为养殖领域农业推广硕士的选修课之一。该课程的任务主要是讲授畜禽安全产品的概念、畜禽安全产品的质量标准、畜禽安全产品生产的产地保障体系、畜禽安全生产饲养场的建设、畜禽安全生产的设备及设施体系、畜禽安全生产的营养与饲料保障体系、畜禽安全生产的品种与饲养管理保障体系、畜禽安全产品生产的兽医防控体系及畜禽安全生产的检疫检验体系等基本理论与技术。

　　通过"动物安全生产"课程让学生了解到动物安全生产的发展方向、研究方法和手段，准确理解安全畜禽产品的概念，掌握畜禽安全生产各环节的系统理论，但是将动物安全生产的系统理论运用到具体实践，还有一段距离。本人从事"动物安全生产"课程教学已有6年，在教学过程中不断收集实际生产中的应用案例，并在课堂与学生互动，同时鼓励他们根据动物安全生产体系及关键点，去收集一些行业最新的实践案例。随着案例的不断积累，本人产生了编写《动物安全生产案例》的念头，一方面可以作为"动物安全生产"课程的有益补充，另一方面也可以将其作为乡村振兴农业推广工作者的参考资料。

《动物安全生产案例》分为 11 章，分别从绪论、广西现代生态养殖、畜禽养殖环境控制、楼房养猪、动物福利、无抗饲料与无抗养殖、猪低蛋白低豆粕多元化日粮技术、猪液体饲喂、广西优质黄羽肉鸡、高端蛋品、广西水牛奶等方面展开讨论。在收集案例的过程中得到了有关企业的大力支持，这些企业无私地奉献了他们的具体做法，有些还配上了实地的图片，让本书能够图文并茂。当然，在每个案例中我们都提出了案例启示和一些思考，也是抛砖引玉，希望引起本书读者更多的讨论、思考和创新。只有与时俱进，才能不断推动动物安全生产可持续发展。

本书编写过程中，广西大学研究生院和动物科学技术学院的领导给予了大力支持，尤其是研究生院副院长蒋艳明、动物科学技术学院书记顾慕娴和院长陆阳清给予我大力指导与支持，我的研究生们参与了编写和修改工作，编辑过程中还得到了编委和出版社编辑的大力支持和密切配合，在此一并致以衷心感谢！

本书难免有不足之处，希望得到业界同仁的宝贵意见和建议，共同推动动物安全生产和畜牧业高质量发展，为老百姓吃上安全、放心的畜禽食品而不懈努力。

广西大学动物科学技术学院　沈水宝

2023 年 2 月 8 日

目 录

第一章　绪论

一、畜禽安全生产的意义

2014 年 12 月召开的中央经济工作会议首次系统阐述了中国经济新常态的内涵、特点和趋势性变化。会议指出中国经济新常态具有三个特点：一是从高速增长转向中高速增长；二是经济结构不断优化升级，第三产业消费需求逐步成为主体，城乡区域差距逐步缩小，居民收入占比上升，发展成果惠及更广大民众；三是从要素驱动、投资驱动转向创新驱动。随着我国经济新常态的到来，在经济发展中占有举足轻重地位的畜牧业迎来了新常态，得到了更为长远的发展。我国畜牧业正在经历从量变到质变的关键时间节点，"以质增效"是畜牧业新常态下的重要特征，并涉及畜禽生产的各个环节。随着畜牧养殖场不断增加和养殖规模不断扩大，畜禽生产的排泄物及由畜禽饲料和畜禽产品带来的有毒、有害残留物对人类健康和生态环境的影响日益显现。随着我国特色社会主义现代化进程的不断推进，供给侧结构性改革和新发展理念的不断深入，加强生态文明建设的重要性日益体现，绿水青山就是金山银山的理念不断强化。民以食为天，食以安为先。动物安全生产是保障食品安全的前提条件，是以动物健康为基本保证，以生产安全畜禽产品为主要目的，同时又兼顾环境效益和人类健康的动物生产过程。动物安全生产学是一门涉及动物营养、繁殖、遗传育种、家畜环境卫生、食品安全等，阐述动物安全生产理论知识和相关技术以及畜禽产品安全性的理论与实践结合的科学。

畜禽安全生产的意义主要体现在以下 5 个方面。

（1）提高畜牧业生产水平和经济效益，实现高质量生产。构建现代化养殖体系、动物防疫体系、加工流通体系，以及推动畜牧业绿色循环发展。从保证数量到保证质量，再到可持续发展，实现畜禽产品高质量生产。

（2）提高畜禽产品质量，保障畜禽产品安全，减少人畜共患病给人类健康带来的威胁。民以食为天，食以安为先，安以康为贵。新型冠状病毒感染疫情蔓延全球，畜牧业也因此受到了严重的冲击，畜禽生产的各个环节都受到了极大的制约。在这样的情况下，如何保障畜禽产品安全，减少有害畜禽产品给人类健康带来的威胁已逐渐成为畜禽生产的关键。

（3）从根本上消除肉、蛋、奶生产供应的问题隐患，全面提升畜禽产品供应安全保障能力，保障消费者权益，使消费者可以购买到安全、放心的畜禽产品。近年来，食品安全问题屡见不鲜，我国畜禽产品安全形势仍不容乐观。添加有害、违规、过期成分的食品安全事件一直受到社会的广泛关注。只有提高对畜禽产品安全生产的重视，严格把控生产的前中后各个环节，才能从源头

上解决食品安全隐患，让消费者购买到安全、放心的畜禽产品。这也是中国特色社会主义现代化发展中以人为本的科学发展观的重要体现，以满足人民对美好生活的向往。

（4）减少对生态环境的污染，有效提高环境质量。中国特色社会主义现代化进程重视生态文明建设，坚持人与自然和谐共生，坚持保护环境的基本国策。在党的二十大报告中，习近平总书记再次强调了绿水青山就是金山银山的理念，坚持山水林田湖草沙一体化保护和系统治理，全方位、全地域、全过程加强生态环境保护，生态环境保护发生历史性、转折性、全局性变化，我们的祖国天更蓝、山更绿、水更清。动物生产全程保证安全生产反映了我国坚持保护环境，坚持人与自然和谐共生，践行绿水青山就是金山银山的理念。

（5）促进规模养殖业的发展，促进畜牧业从量变到质变的发展，促进畜牧业生产方式向现代化转变。随着中国特色社会主义现代化进程不断推进，畜牧业作为支撑我国经济发展的重要一环也逐步向现代化进行转变，这也是我国从农业大国向农业强国迈进的关键时期。现在我国正经历百年未有之大变局，畜牧业要获得更长远的发展，实现从量变到质变的突破，动物安全生产至关重要。

二、我国畜禽安全生产存在的主要问题

近年来，随着我国经济的快速发展，我国现代化养殖场的数量呈现急速上升的趋势，并且开始逐渐引进国外先进的管理理念与技术设备等，生产水平有了显著提高。一直以来，相关研究人员在动物遗传、繁殖育种、饲料营养、饲料资源利用等方面投入了大量的精力，一定程度上促进了我国畜牧业的快速发展，获得了丰富的科学理论，改进了生产方式和技术。但是由于忽略了畜禽安全生产的重要性，我国畜牧业相比于发达国家来说，还存在着许多不足之处和需要学习的地方，动物安全生产问题也成为制约我国畜牧业更深层次发展的主要问题之一。畜禽产品安全问题涉及从养殖到餐桌的多个环节，包括兽药、饲料及饲料添加剂的生产、经营、使用，动物的饲养与管理，动物疾病的防治，动物的屠宰、加工、包装、储藏、运输和销售等多个环节。当前我国在畜禽安全生产方面主要存在以下问题。

（1）供给链产品品质及安全性问题突出。畜禽生产的上游主要包括生产饲料、饲料原料、兽药等企业和供应部门。但由于受到技术水平的限制以及利益的驱使，违法添加、超量添加、饲料霉变、重金属和农药残留超标等问题频发。这些问题都将对我国畜禽安全生产产生不利的影响，制约畜牧业的新常态发展。

（2）畜禽生产环节造成的环境污染问题严重。这对自然生态环境造成极其不利的影响。一方面，我国大部分养殖场还存在着硬件设施建设落后、规模化程度不够、管理水平较差等问题，使得单体养殖场容易受到整体大环境的影响。另一方面，日粮中高蛋白、劣质蛋白的滥用，过分强调第一限制性氨基酸、第二限制性氨基酸而忽略其他氨基酸的重要性，以及生物技术在饲料生产中的应用缺乏深度和广度等，导致饲料养分利用率低，过料、氮磷排泄问题严重。此外，微量元素的过量添加导致的排泄污染问题也十分突出，尤其是高铜、高锌以及砷制剂的长期使用，导致自然环境中的铜、锌和砷污染较为严重。

（3）畜禽产品品质不高和添加剂残留等安全问题时有发生。提供畜禽产品是绝大部分动物生产的最终目的，然而一直以来，我国在生产高品质畜禽产品方面远落后于发达国家，从而导致国内一些大型的畜禽产品加工厂需要从国外购买原料，给我国畜牧业经济发展带来了不利的影响。此外，近年来一些畜禽产品安全事件使消费者的权益受到了极大的损害，引起了部分消费者的不满和社会的广泛关注，也给食品生产企业乃至畜牧业造成了负面影响。

我国目前食品检测数量仅占食品生产总量的 1.5%，而且大多数为出口食品，国内消费食品检测占比极低。上述我国畜禽安全生产存在的问题进一步提醒我们要重视生产的各个环节，只有安全的环境、安全的生产过程，才能使畜禽生产得到更长远的发展。

相较于我国的畜禽生产技术水平，国外的畜禽生产工艺虽然比较先进，管理理念比较科学，但是也不能避免食品安全问题。无论是在发达国家还是在发展中国家，食品安全隐患都制约着其畜牧业的发展，唯有重视畜禽产品生产中各个环节的安全、环保、无公害，才能使畜牧业得到进一步的发展。

全球一体化和食品贸易国际化使食品安全成为一个世界性的挑战和一个世界各国都需要面临的重要的公共卫生问题。尽管世界各国都采取了一系列政策和监控措施，但世界范围内涉及食品安全的恶性事件、突发事件仍然时有发生，食品安全现状依然令人担忧。随着人类命运共同体理念的不断加深，畜禽产品的生产安全问题也成为世界各国都亟须解决的关键问题。

三、畜禽安全生产体系的建立与关键要点

建立畜禽安全体系必须覆盖畜禽生产的前期过程、中间过程以及后期加工检测过程。前期过程主要涉及饲料、原料、药物、饮水和空气质量等。从目前动物安全生产的影响来看，饲料的品质、添加剂超量添加、抗生素使用、农药

残留、霉菌毒素、重金属超标和污染问题等是动物安全生产前期过程中主要的不稳定因素。中间过程主要涉及动物饲养、畜舍环境管理和废弃物处理等。动物饲养包括饲养方式、饲喂方式、饲养密度、日常管理等，此过程对动物自身健康、心理应激及畜禽产品的品质都有不同程度的影响；畜舍环境管理包括畜舍小气候控制、有害气体、噪声、卫生防疫等环节，也是动物福利的重要体现；废弃物处理包括畜禽生产过程中粪尿排泄物、垫料、尸体、废弃的器具杂物等的合理处理过程。畜禽生产废弃物是当前动物养殖场向内、向外环境污染的主要污染物，是当前畜牧场疾病多发的根源，是畜牧业污染治理的难点，是当前国家针对畜牧业进行重点整治的部分。后期过程主要涉及动物产品的加工，包括加工方法、工艺、贮藏、运输等环节对畜禽产品安全的影响，有关安全、绿色环保、健康食品的要求和认证标准等，畜禽产品安全评价方法和检测技术等。

建立畜禽安全生产体系的关键在以下 6 个方面。

（1）加强畜禽产品安全质量立法。在使用和添加饲料时严格遵守《饲料与饲料添加剂管理条例》《饲料原料目录》《饲料添加剂品种目录》等文件规定；生产畜禽产品时严格遵守相应的产品标准，坚决遵守食品安全准则。

（2）建立现代化生态养殖模式。运用生态技术措施，改善养殖水质和生态环境，按照养殖工业化的模式进行养殖，投放生物饲料，"三物循环"（三物指植物、动物、微生物），共生互补，在一定养殖空间、区域内实现和保持生态平衡，生产无公害绿色食品和有机食品，提高养殖效益。

（3）建立安全畜禽产品的基本准则。产品的产地环境（大气环境、水环境、土壤环境、生物环境）应该具有交通便利、利于防疫、气候条件适宜、广泛的种植业基础、自然环境良好等条件。饲料的加工与使用符合法律法规标准，加工的产品安全环保。

（4）加强对动物疫病的生物防控，维护动物生理机能，保障动物健康。要加强对动物疫病的防控，首先，要加强边境防控，加强巡查，严禁从染疫国家进口产品；其次，要加强饲养管理，严格防疫、定期消毒，加强生物安全措施，进行日常监测；最后，要树立动物防疫的意识，加强技术人员培训。保障动物健康，要建立安全的生物体系，科学用药，严禁使用对动物机体有害的兽药。

（5）重视畜禽福利。生理福利，即无饥渴之忧虑；环境福利，即要让动物有舒适的居所；卫生福利，即减少动物的伤病；行为福利，即保证动物表达天性的自由；心理福利，即减少动物恐惧和焦虑的心情。

（6）生产出安全环保、高质量、让消费者放心使用的产品。如高质量的肉制品、水牛奶、营养美味的优质黄羽肉鸡和鸡蛋等。

第二章

广西现代生态养殖案例

　　传统的畜禽养殖在为社会提供日常肉制品消费的同时，也造成了严重的环境污染、动物产品安全风险、社会公共安全问题。因此，广西自2015年率先提出畜禽现代生态养殖，将其作为发展广西养殖业和维护广西生态环境的重要抓手；2016年《广西环境保护和生态建设"十三五"规划》明确了对畜禽养殖废弃物等具体问题的相关部署。习近平总书记在中央财经领导小组第十四次会议上专门对解决畜禽养殖污染问题作出了重要指示："加快推进畜禽养殖废弃物处理和资源化，关系6亿多农村居民生产生活环境，关系农村能源革命，关系能不能不断改善土壤地力、治理好农业面源污染，是一件利国利民利长远的大好事。"农业农村部发布公告第246号明确，自2020年1月1日起，停止生产进口除中药外的所有仅有促生长用途的药物饲料添加剂，我国畜牧养殖业开始实施最严格的遏制耐药性的限抗禁抗政策。促生长类药物饲料添加剂正式退出，饲料禁抗后的生产方式和生产效率的转变，过度追求动物生长速度和饲料转化率，以及现代集约化养殖模式下动物应激问题突出，导致动物源食品（肉、蛋、奶）品质下降，而动物源食品品质问题实际上是制约养殖业高质量发展的重要瓶颈。广西现代生态养殖模式的提出，符合生态文明建设要求、满足乡村振兴发展的需要，既是贯彻落实国家农业发展战略的重要举措，也是推进生态文明建设的重要体现。

一、广西现代生态养殖具备的优势

　　广西现代生态养殖模式依托国家生态文明发展战略，响应自治区政府号召，具有强大的政策支持优势，节能减排、绿色环保、降本增效的优势突显。

　　（1）节约资源。以集约化生猪养殖为例，传统养殖中每出栏1头肉猪平均消耗2.5吨水，而大部分水用于清洗栏舍，2/3的饮水因没有再回收装置直接变为污水。广西现代生态养殖借助畜禽舍改造做到节约资源，并且采用环境友好型生产工艺。目前建筑改造费用造价相对低廉的生产工艺主要有"微生物""自动刮粪""生物垫料发酵床""自动翻耙""粪尿存贮池"等，可组合使用。如节水改造，确保生产各个环节的废水管道各自独立，废水管道都与粪尿管道隔离，形成水循环分级使用。其他改造还有雨污分流、粪污干湿分离。

　　（2）降低养殖成本。利用饲料预发酵技术、生物发酵技术、益生菌添加剂等从畜禽采食环节上提高饲料利用率。如发酵豆粕减少抗营养因子、使用发酵饲料液体饲喂模式提升采食量、使用益生菌添加剂促进畜禽肠道健康、减少动物生产应激反应。

（3）保护环境。现代生态养殖通过一系列技术使畜禽粪污再利用，变废为宝。目前应用较多的技术有粪便干燥技术（高温干燥、热喷、烘干膨化）、堆肥技术（好氧堆肥、厌氧堆肥）、蚯蚓处理畜禽粪便技术（生物处理和传统堆肥）、微生物发酵、畜禽粪便干湿分离技术。目前经过处理的畜禽粪污一般用于还田、制造有机肥、种植特种经济作物、养殖特种经济动物。

（4）保障动物健康。传统集约化养殖模式下，饲养密度大、环境质量差，容易引发动物应激反应。动物应激会导致肠道损伤，甚至死亡，每年都会因此造成大量的损失。而现代生态养殖模式中益生菌全程参与生产，包括环境喷洒剂、饲料添加剂、饮水中添加、粪便回收。同时采用先进的建筑设计理念，合理利用现有空间、土地，进一步提高动物生产环境质量，通过提升圈舍舒适度保障了动物的健康。

二、广西现代生态养殖存在的问题

广西现代生态养殖模式在推进中遇到的问题主要集中在前期基建投入大、没有统一的标准、生态养殖产品品牌影响力不足等3个方面。

（1）前期投入高。目前大多数畜禽养殖场是传统型养殖场，而要转变为现代生态养殖模式，其圈舍、管道、机械设施就必须改造，这需要投入大量的资金。现代生态养殖场的建设成本预计要比传统养殖场高1.5倍，需要政府出台相关的政策，拿出大的补贴力度才能更好地进行生态养殖场大规模的改造。

（2）没有统一的标准。现代生态养殖是一个庞大的概念，它包含的学术领域众多，难以形成一个统一的标准。这也是现代生态养殖发展缓慢的一个难点。

（3）生态养殖产品品牌影响力不足。生产相同类型产品的情况下，现代生态养殖模式下的动物产品质量要优于传统养殖场，但其成本（前期建设成本均摊到生产成本中）也高于传统养殖场，其利润差距不大。其原因是没有强力的生态养殖品牌带动，市场认可不足。部分有影响的生态养殖模式产品只是在小众品牌或高端品牌上销售，其单品利润大，但销量低。目前仍需要打造出知名、可靠的大众级生态养殖产品。

三、广西现代生态养殖的成功案例

广西容县奇昌生物科技有限公司（以下简称奇昌生物）于2015年7月成立。该公司践行绿色发展理念，实现经济效益和生态效益共享，其自主创新的"低架网床＋益生菌＋异位发酵"养殖模式完全颠覆了传统的养殖模式，有效解决了猪场粪污治理和资源化利用问题，实现了养殖粪尿"零排放"，达到了经济效益和生态效益共同发展的目标要求。奇昌生物开展的"畜禽规模养殖粪污处理技术研究示范与应用"项目率先通过了自治区成果鉴定（成果登记号：201493247），《一种节能环保的猪舍》（自动化全封闭高架网床节能环保猪舍）获国家知识产权局批复专利（专利号：2014205375521）。按照这种现代生态养殖模式，通过物理改造猪舍可以从常规的人均养殖800头提升到网床模式的2000～3000头。每头猪每天可以节约用水8 kg，每栋猪舍（约3500头）每天平均可以节约用水3吨，以广西每年3500万头生猪出栏量计算，使用现代生态养殖模式每年可以节约近1亿吨淡水资源。而通过生物发酵饲料的使用，在饮水中定期添加益生菌和在环境中定期喷施益生菌，将猪的粪尿集中就近用阳光棚堆积发酵，作为有机肥出售，变废为宝，既减少了污染，又解决了周边农业种植肥料的供应问题。猪粪尿资源化利用的方式除了堆粪发酵生产有机肥，还有从源头控制，即主动环保。图2-1是以生物发酵饲料、生态养殖车间和生物有机肥为核心的广西现代生态养殖源头营养调控模式。

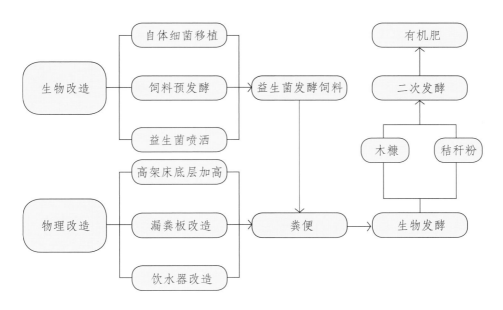

图2-1　广西现代生态养殖源头营养调控模式

（一）生物发酵饲料

奇昌生物通过筛选移植生猪自体细菌，经过培育制成微生态制剂，并添加到饲料中制成益生菌发酵饲料，解决传统外源性菌种经过消化系统后定植效

差的问题（检测结果显示外源性菌种存活数量只有 10 万左右），而内源性益生菌通过饲料预处理发酵后经消化系统在肠道中存活数量高达 1 亿，且益生菌在肠道中成为优势菌群后可以改变生猪肠道微生物区系，部分益生菌可随粪便排出（不影响益生菌在机体的数量），粪便在益生菌作用下继续发酵，其发酵温度在 60℃以上，并可以自动蒸发水分发酵成有机肥。

（二）生态养殖车间

奇昌生物建立的现代生态养殖模式总体概括为生物改造与物理改造相结合。通过物理改造猪舍（专利号：2014205375521）将传统的高架床猪舍底层高度从 1.5 m 提升至 2.5 m；将传统的水泥漏粪板换为内凹圆形钢筋漏粪板，通过合理的间距调整使粪便掉落率达到 98%～99%，内凹型钢筋漏粪板在猪运动中发生弹性形变可以保证粪便全部掉落至底层；将传统饮水器改造为凹墙式饮水器（如图 2-2、图 2-3 所示）。在猪舍墙壁开直径为 25 cm 的圆孔，内置饮水器，下方设置引流装置，通过这种方式每头每天可以节约用水 5 kg。通过以上措施，再加上前期猪群调教，可以做到生产全程不冲水。

图 2-2　凹墙式饮水器　　　　图 2-3　凹墙式饮水器改造示意图

（三）生物有机肥

粪便经过益生菌发酵后加入木糠、秸秆粉后继续堆叠发酵，得到成品生物有机肥，从生物饲料到生物有机肥的具体流程如图 2-4 所示。周边果园、林地使用生物有机肥，可扩大经济效益。粪便发酵产生的沼气用于发电，沼液可灌溉果林，全程无污染、零排放、生态环保。

（四）现代生态养殖"广西模式"效果

广西现代生态养殖模式可提升养殖经济效益，保证猪群健康，提高饲料转化率，降低人工饲养成本，减少用药成本，使每头育肥猪比传统饲喂的育肥猪增加效益 100～200 元。该模式构建了环境、有益微生物菌群和猪群之间和谐、

一个投入品：生物发酵饲料；两个产品：生态猪、生物有机肥。

每一个环节均有标准、有规范、有流程、有操作手册。

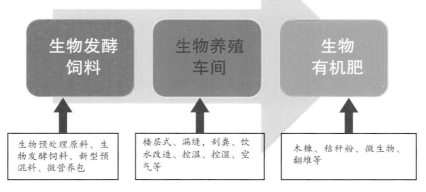

生物发酵饲料	生物养殖车间	生物有机肥
生物预处理原料、生物发酵饲料、新型预混料、微营养包	楼层式、漏缝，刮粪、饮水改造、控温、控湿、空气等	木糠、秸秆粉、微生物、翻堆等

图 2-4　广西现代生态养殖模式样板

协调的生态空间；粪尿等废弃物经发酵后制成的优质有机肥用于农业生产，实现粪污零排放，明显改善养殖环境。在养殖端实现不使用抗生素（无抗）养殖及全场不使用消毒剂，保证了鲜肉产品安全，经广西壮族自治区畜牧产品质量检测中心检测均符合无公害产品要求。生猪鲜肉风味的肌苷酸高出传统养殖的16% 左右，18 种必需氨基酸总量高出 11% 左右，胆固醇降低 5% 左右。在废弃物处理端可实现有机粪污转化为有机肥，全程无污染、零排放。广西现代生态养殖模式技术路线如图 2-5 所示。

生态高架网床养殖　　　水帘风机降温　　　不冲水

生态养殖模式技术路线

生物菌饲喂及喷洒

生态肥发酵还田　　　沼液喷灌果林　　　沼气发电　　　干清粪

图 2-5　广西现代生态养殖模式技术路线示意图

四、对广西现代生态养殖的未来展望

广西现代生态养殖模式要制定核心标准，设定各个环节相应的工艺参数。首先要明确广西现代生态养殖模式核心思想是呼应国家的绿色可持续发展战略，把握"绿水青山就是金山银山"的发展理念。在具体实施上，各个养殖场的基础设施、地理位置、生产工艺千差万别，开展现代生态养殖不能做"一刀切"的模式化改造，要因地制宜，根据自身实际情况选择对自身最有利和最适宜的发展方式。对新建养殖场严格审批，严格把关。要求新建养殖场一定要科学选址、合理布局、配备环保养殖设施，杜绝"耗能户""污染户"。

力推微生物添加剂，走科学养殖道路。在畜禽生产环节中微生物发挥了饲料预发酵、提升畜禽生产性能、粪污资源化再利用、循环农业发展、保障食品安全等重要的作用。因此，广西现代生态养殖要大力推广微生物制品的使用，走生物处理路线，既能保护环境，又能提升养殖效益。

加快生物饲料发展，减少饲料资源浪费。传统饲料的部分营养物质最终通过粪尿的形式被浪费，这既造成了环境污染，又浪费了大量的生产资料。发展生物饲料，要从原料到配方再到饲料都进行生态改造，如印遇龙院士开展的低蛋白日粮课题、冯定远教授提出的精准营养等，都是从源头减少饲粮消耗、减少粪污排放的有效实践。

走向产业融合，打造广西现代生态养殖全产业链。打造出一个强力的生态养殖品牌，畜禽生产、饲料、肉蛋奶等畜禽产品实现从养殖到餐桌全产业链覆盖，并获得市场认可，延长产业链增产增收。

在我国全面推进实施生态文明建设的大背景下，畜牧业需要寻找新的发展思路。广西现代生态养殖模式的实质就是要探索建立符合当前规模化养殖发展趋势、生态文明理念和环境保护要求理念的养殖模式。因此，在推进农村生态文明建设的新形势下，在加快畜禽养殖业的转型升级和绿色发展中，发展现代生态养殖是必然的选择，这是确保我国畜牧业可持续发展的根本途径。推动生态养殖与种养结合，有效缓解了养殖废弃物对生态环境的污染，实现科技创新驱动养殖业及关联产业的可持续发展，符合国家农业供给侧结构性改革和生态文明建设中长期发展战略规划，也将为我国畜牧业转型升级，实现畜牧业现代化，为我国生态文明建设做出新的、更大的贡献。

案例启示

◆ 理念上，坚持走生态循环路线，促进种养结合。把握好畜牧业承上启下的角色内涵，推进广西现代生态养殖因地制宜、种养平衡、生态循环、合理利用。

◆ 养殖过程中，应从源头发展生物环保型饲料，围绕动物营养代谢与调控规律，减少饲料资源浪费和粪污排放污染。

◆ 养殖场的建立要符合科学布局，合理规划原则，进一步强化养殖业"发展绿色化、养殖生态化、废物资源化"的理念，把循环农业理念深深嵌入广西现代生态养殖模式中。

第三章

畜禽养殖环境控制案例

随着人口的增长及社会的进步，人民生活水平不断提高，人民群众饮食结构发生巨大变化，为了满足人民改善膳食结构需求，我国畜禽产品的市场需求不断增加，生产规模不断扩大，养殖生产也由传统的农村散养转变为专业化、规模化和集约化养殖。

与传统的农村散养模式相比，专业化、规模化、集约化的养殖模式能够大大提高饲料转换率和生产效率，利于提高饲养技术、防疫能力和管理水平，降低生产成本，从而提高企业的养殖效益。但饲养模式的改变以及饲养规模的扩大也直接导致粪污排放密度增加，给粪污处理、运输和施用带来极大的不便，加剧了畜禽粪便直接还田的难度，给生态环境保护带来巨大的压力。

环境污染问题是当今社会发展所面临的三大主要问题之一，人们在创造空前的物质财富和前所未有的文明的同时，也在不断地破坏赖以生存的环境。随着农业产业结构的不断调整变化，我国畜牧业在养殖规模和产品质量上都得到了快速发展，但与此同时，畜禽养殖所带来的环境污染问题十分严峻。受养殖模式、养殖成本等因素的影响，畜禽养殖过程中产生的污水、粪便、饲料残渣等污染物堆积如山，无法得到科学、集中的处理，对生态环境造成的负面影响尤为严重。畜禽养殖污染威胁到了人类健康，严重制约了我国畜牧业的可持续发展。2013年，中央一号文件首次提出了"积极开展农业面源污染和畜禽养殖污染防治"的要求，此后几年的中央一号文件持续聚焦农业环境污染治理问题。

一、畜禽养殖环境控制的定义

环境控制是一项系统工程，包括外在大环境的控制与内在小环境的控制。我们常说的环境控制主要是指内在小环境的控制，包括温度、湿度、气压、通风、光照、水体、空气等。其中做好温度监测、湿度监测、氨气浓度监测、二氧化碳气体浓度监测、光照强度监测等，通过一整套温湿度和有害气体监测，以及养殖场粪污的处理系统（雨污分流、干湿分离处理），来保障圈舍具备适合动物生长、发育的环境，提高经济效益。

二、畜禽养殖环境控制的现状

当前我国畜牧业处于由传统散养模式向专业化、规模化、集约化饲养模式转变的阶段，畜牧业总产值逐年增加。2015年我国畜牧业总产值达到29780.4亿元，较2011年增长了15.56%。同时规模化养殖比例不断扩大，2015年我国生猪年出栏500头以上、肉牛年出栏50头以上、肉羊年出栏100头以上、肉鸡

年出栏 10000 只以上、蛋鸡年存栏 2000 只以上的规模养殖比例分别为 44.0%、28.6%、34.3%、68.8%、73.3%。

规模化养殖的快速发展造成了畜禽养殖废弃物产生量增加，2015 年我国畜禽粪便产生量已达到 60 亿吨。近几年，虽然我国农业污染排放总量逐年递减，但是畜禽养殖污染排放量占农业污染排放总量的比例居高不下。由表 2-1 可知，2011—2015 年，我国畜禽养殖化学需氧量（COD）排放量、氨氮排放量、总氮排放量、总磷排放量占各自农业污染排放总量的比例分别稳定在 95%、75%、60%、75% 以上，可见我国农业面源的污染主要以畜禽养殖污染为主。

表 2-1　2011—2015 年我国畜禽养殖污染排放情况

项目	2011 年	2012 年	2013 年	2014 年	2015 年
COD 排放量 / 万吨	1130.46	1098.96	1071.75	1049.11	1015.53
占农业 COD 排放总量比例 / %	95.31	95.25	95.20	95.17	95.04
氨氮排放量 / 万吨	65.20	63.13	60.41	58.01	55.22
占农业氨氮排放总量比例 / %	78.88	78.30	77.52	76.79	76.05
总氮排放量 / 万吨	266.73	303.79	298.65	289.04	297.55
占农业总氮排放总量比例 / %	62.79	64.67	64.49	63.37	64.50
总磷排放量 / 万吨	40.92	42.35	42.25	41.06	42.53
占农业总磷排放总量比例 / %	75.56	77.18	77.71	76.85	77.79

注：数据来源于 2016 年《中国环境年鉴》。

1. 对水源环境的污染

畜禽粪便中含有大量的污染物，包括病原微生物和过量的有机质、氮、磷、钾、硫等。随意堆放的粪便会经雨水冲刷排入水体，使水体中溶解氧含量降低，水体富营养化，从而导致水生生物过度繁殖。畜禽粪便被过度还田后还会使有害物质渗入地下水，引发地下水中硝酸盐浓度超标，严重威胁人类健康。另外，据环保部门统计，高浓度养殖污水被直接排放到河流、湖泊中的比例高达 50%，极易造成水源生态系统污染，甚至恶化。畜禽养殖对水源的污染主要来自畜禽粪便和养殖场污水。目前，我国大多数养殖场的畜禽粪便处理能力不足，60% 以上的粪便因得不到科学处理而被直接排放，进入水体的 COD 排放量已超过生活和工业污水 COD 排放量的总和。

2.对大气环境的污染

畜禽养殖对大气的污染主要表现在两个方面：一是粪便大量堆积时，硫醇、硫化氢、氨气、吲哚、有机酸、粪臭素等有毒有害物质会经粪便腐败分解后进入大气环境中，为动物疫病的传播提供了条件，同时严重危害人们的身体健康；二是畜禽养殖造成的温室效应。目前畜牧业是我国农业领域第一大甲烷排放源，也是全球排名第二的温室气体来源，人类活动产生的温室气体有15%左右来自畜牧业。在畜禽动物中，牛是最大的温室气体制造者，每年畜牧业甲烷排放总量中，有70%以上来自牛。经联合国粮食及农业组织测算，全球每年由畜禽养殖产生的温室气体所引发的升温效应相当于71亿吨二氧化碳当量。

3.对土壤环境的污染

畜禽养殖对土壤的污染主要表现在畜禽粪便过量施用造成的土壤结构失衡和有害物质在土壤中的累积。规模化养殖的粪便排放量大，远远超出了土壤的承载能力，无法及时被消纳的粪便会造成土壤结构失衡，过度还田施用还会导致土壤中的氮、钾、磷等有机养分过剩，从而阻碍农作物的生长。

养殖场大量使用饲料添加剂、抗生素，使得畜禽粪便中重金属、药物、有害菌等物质残留，施用到农田土壤中会造成重金属和抗生素复合污染，严重威胁食品安全。研究表明，相比羊粪和鸡粪，猪粪中的铜、锌、镉含量较高，分别为197 mg/kg、947 mg/kg、1.35 mg/kg，更易造成土壤污染。

三、畜禽养殖环境控制的成功案例

（一）养猪场案例

猪场环境控制全封闭设备自国外引进而被国内养猪业所重视，20世纪80年代深圳光明畜牧养殖场和广东三保养猪公司等企业全面引进国外全封闭生产线；20世纪90年代初，北京养猪育种中心全部引进美国全封闭养猪生产线，以期带来环境改善。

发展农村经济，保护生态环境，是推进生态文明建设的重要保障。生猪规模养殖发展迅猛，随之生产的大量废弃物未经妥善处理随意排放，造成我国农村生态环境面临严峻的挑战。生猪养殖是我国畜禽养殖业的主导产业，其废弃物治理问题是我国农村经济、社会可持续发展面临的最重要的问题之一。

规模化养猪场的选址要求地势应高燥，稍有缓坡，坡度应小于等于25°，土壤透气性好、透水性强，毛细管作用弱，吸湿性和导热性小，质地均

匀，抗压性强，而且未受病原微生物污染；水量充足，水质符合卫生要求，取用方便，机电设备较为完善，防疫和环保措施符合国家要求，远离居民聚集点且交通便利。

猪舍的通风换气是猪舍环境控制的第一要素。它直接影响猪舍的空气质量、温度、湿度，是猪健康生活最关键的环境因素，也是影响猪生产性能最大的因素。光照也可以直接或间接影响猪的生长发育、生产性能、繁殖性能等。光照控制主要涉及猪舍的采光和灯具的选择和使用。

猪舍的温度控制对于猪生长也非常重要，适宜的环境温度对猪的健康以及生产都非常有利。大猪怕热，小猪怕冷，猪舍要进行温控，主要是各个生长阶段的猪的体温调节功能具有不同特点。略高或略低的环境温度对猪的健康无不良影响，可提高猪的抵抗力，但饲料转换率会降低。但是，环境温度过高或过低会对猪的健康产生明显的不良影响，会降低猪的抵抗力和免疫力，诱发各种疾病，从而影响猪正常生长。环境温度每低于临界温度1℃，生长猪（25～60 kg）每天需要额外增加25 g饲料，育肥猪（60～10 kg），则每天需要额外增加39 g饲料。

阳光中红外线可穿透皮肤达几厘米，使内部组织升温，促进表层血液循环，加速新陈代谢和细胞再生。合理的光照可以加快母猪的生长发育速度，使性成熟提前，在母猪配种前或妊娠期适当延长光照可提高受胎率，利于胚胎附植和发育，提高产仔数量；适当延长光照可增加公猪性欲，提升公猪精液品质。

1. 规模化养猪产粪污处理案例模式

湖南新康畜牧养殖有限公司是湖南省葛家乡的一个中型生猪规模养殖场，年出栏生猪5000头，是长沙市标准养殖示范场和长沙市农业产业龙头企业，也是长沙地区6个养殖污染生态治理试点企业之一。通过对接大型种植户，干粪、沼渣全部被蔬果种植消纳。通过建设"人工湿地"，使养殖污水经过沼气发酵、四级沉淀、生物质池后进入三级人工湿地，经处理后实现达标排放，用于农田灌溉。该养殖场采用的生猪粪污处理系统见图3-1。

2. 增鑫科技－智能模式环控系统

猪是恒温动物，除初生仔猪外，其他各类猪群的适宜温度均在30℃及以下，远低于我国大部分地区的夏季气温。因此，为了保障夏季猪群正常生活，必须对猪舍进行温度控制。

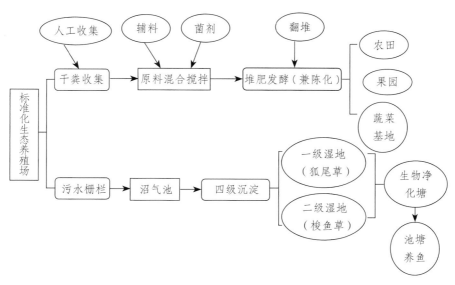

图 3-1　生猪粪污处理系统展示

（1）通风降温系统。

单纯通风降温模式：室内温度最低可降至与室外空气温度相同。

该公司提倡使用"喷淋+通风"模式：喷淋水分，利用蒸腾作用吸收空间热量降温，通风又加快蒸发过程并将室内水分排出，更好地控制室内环境（见图 3-2）。

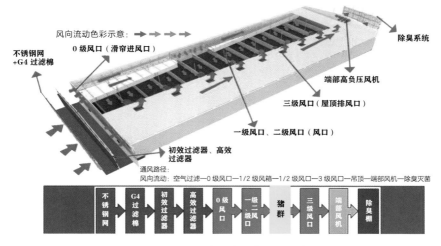

图 3-2　增鑫科技猪舍通风系统展示

夏季高温季节喷淋起到蒸发降温的作用，冬季及春秋干燥季节喷淋有增加湿度的作用。

冬季及春秋干燥季节的增湿措施：猪舍喷淋（少喷快喷）增湿，水分蒸发提高空气湿度。

夏季高温季节的降温措施：间接降温采用水帘、雾化对空间进行降温；直接降温采用喷淋措施对猪群进行降温，水蒸发排热（1 kg/h 水蒸发带走 628 W 热量）。喷淋是高效降温的措施，水的比热容是空气的 3 倍，1 kg 水上升 1℃吸收的能量可以加热 3 m³ 空气。

间接降温案例：雾化通道和有积水的过道，可使体感温度低。

直接降温案例：人从游泳池出来或者刚洗完澡时体表有水，在有风的情况下，尽管环境温度高，但体感凉爽。

全年最小通风量：满足单元猪群基础温度下排热、排湿所需求的通风量，同时保证单元空气质量。

限定最大通风量：过度通风可以对单元进行加热（高温季节）和降温（寒冷季节）。进风温度 32℃，舍内温度 28℃，风量越大舍内越热，过度通风造成单元加热。进风温度 10℃，舍内温度 28℃，风量越大舍内越冷，过度通风造成单元降温。

繁殖场和生长场的夏季和冬季通风示例如下，见图 3-3 至图 3-6。

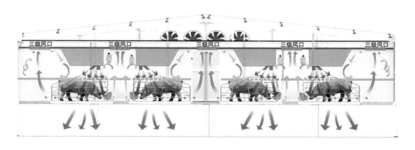

图 3-3　增鑫科技夏季繁殖场通风示意图

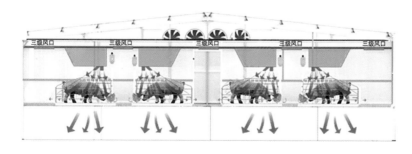

图 3-4　增鑫科技冬季繁殖场通风示意图

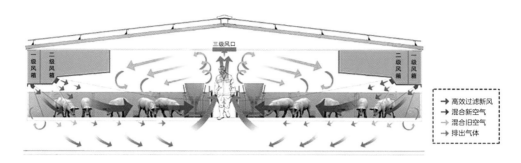

图 3-5　增鑫科技夏季生长场通风示意图

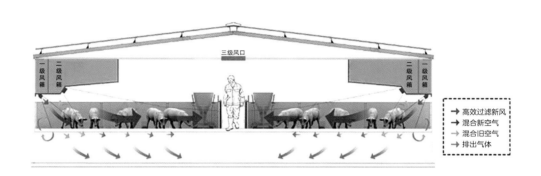

图 3-6　增鑫科技冬季生长场通风示意图

春秋季节采用置换式通风——低风速下不同温度的空气分层流动；夏季降温使用最小通风量——限制风量、精准风速、通风全覆盖、降温更有效，充分利用喷淋蒸发吸热，带走猪群热量；冬季通风使用热交换系统——先充分利用猪舍余热预热新风，增加进风温度，维持进风温度恒定，减少猪群发生健康问题。每个栏位新风和排风相对独立、均匀，不同圈栏的通风不混合、不交叉（见图 3-7、图 3-8 ）。

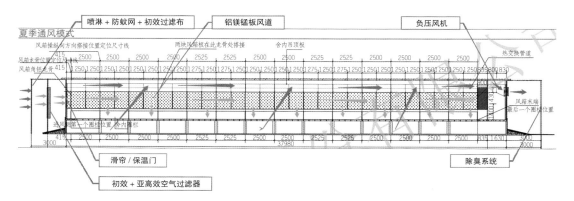

图 3-7　增鑫科技夏季置换通风模式示意图

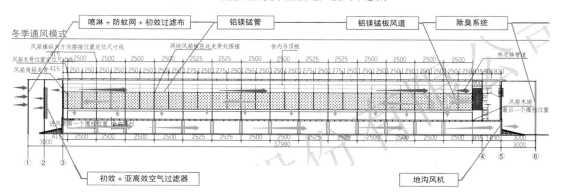

图 3-8　增鑫科技冬季置换通风模式示意图

　　繁殖场（妊娠舍、分娩舍）精准通风系统由风箱、风口模块组成，风箱用于新风输送，每个栏位安装的风口满足每头母猪的通风需求。如图 3-9 所示，展示的是新风经过风口，精准送至猪群位置，最后由三级风口将舍内污浊空气排出。

图 3-9　增鑫科技繁殖场精准通风示意图

（2）除臭系统。

除臭系统的作用：除臭系统能够吸收猪舍排出的臭气，有杀菌、除臭的作用，可提高猪场内部空气质量，减少交叉感染。

如图 3-10，采用塑料填料球模式（塑料填料球主要起到吸附异味的作用），单个框架外形尺寸为 700 mm × 500 mm × 250 mm；四周采用黑丝塑料薄膜密封。

图 3-10　增鑫科技在某猪场的除臭系统示意图

（二）养鸡场案例

规模化养鸡场科学选址、合理布局，优化饲料配方、提高饲料利用率，推进粪污处理与资源化利用，完善监察制度。环境选址的总体要求：地势高、坡度合理、环境安全、坐北向南、背风向阳、环境幽静、交通便利、排水良好、水源充足、水质优良。同时，要求利于相关设施建设，利于种养配套消纳，公共资源到位。

例如广西上林县小型蛋鸡养殖场给蛋鸡在仿野生状态下采食菌草、百草药，饲喂硅藻、螺旋藻料蛋鸡排泄物富含的硅藻、螺旋藻种在水中大量繁殖，由于空气中惰性气体氮气占空气总量的78% 在鸡粪的催化下，形成可溶于水的氧化氮，氧化氮又可作为硅藻、螺旋藻的肥料，这样硅藻、螺旋藻每分钟在0℃以上裂变繁衍后代，形成一个生物量，在伯努利定律下形成大量鱼喜欢吃的硅藻、螺旋藻菌胶团。同时用高压喷淋头（25 m 扬程），夏天每3 h（冬天每6 h）喷淋3 min 稻叶，这样稻叶表面就结有一层层能不断脱落的成熟硅藻、螺旋藻，脱落到田水中作鱼料，这就是仿大海边海水带"硅藻、螺旋藻种"，海边无风三尺浪打荒滩千里，水涨水退就把浅滩光合作用下的"硅藻、螺旋藻"带回海里给鱼吃，在浅滩水草上的地衣式"硅藻、螺旋藻"也是养奶水牛天然、富有营养的草料。

顺季鸡群指鸡群在开放式或有窗鸡舍育成，并在自然日照时间递增期间达

到性成熟。其出壳的时间为9月初到翌年4月中旬。

逆季鸡群指鸡群在开放式或有窗鸡舍育成，并在自然日照时间递减期间达到性成熟。其出壳的时间为4月中旬到9月初。

①顺季鸡群光照方案。

恒定法：第1～3天每天给予22～23 h的光照；第4天至育成期结束（商品蛋鸡20周；肉种鸡22周）。查出壳到达20周这一天的光照时间，以这一天光照时间（或此期间最长一天的光照时间），作为整个育雏和育成期间每天的光照时间，不足的光照用人工光照补充，一直到育成期结束；进入产蛋期，逐渐增加光照，一直增加到16 h每天，恒定不变。

渐减法：第1～3天每天给予22～23 h的光照；第4天至育成期结束（商品蛋鸡20周；肉种鸡22周）。查出壳到达20周这一天的光照时间，以这一天光照时间延长5 h（或延长7 h），作为第1周每天的光照时间，之后每周递减15 min或20 min，一直到育成期结束（商品蛋鸡20周）；进入产蛋期，逐渐增加光照，一直增加到16 h，每天恒定不变。

②逆季鸡群光照方案。

第1～3天每天给予22～23 h的光照；第4天至育成期结束（商品蛋鸡20周；肉种鸡22周）。因该鸡群是处在自然日照时间递减期间达到性成熟，只要每天的光照时间不超过10 h，可充分利用自然光照；进入产蛋期，逐渐增加光照，一直增加到每天16 h，恒定不变。

通风方式分为横向通风、过度通风、纵向通风3种方式，依季节不同，在实际生产中进行调整。当外界温度低于目标温度时，使用横向通风方式；当外界温度高于等于目标温度，使用过度通风方式；当外界温度高于等于目标温度，且温度不能降低到目标温度时，使用纵向通风方式。

四、对畜禽养殖环境控制的未来展望

为了更好地提高畜禽养殖环境治理，推动污染防治与种养结合规划编制，优化产业布局，实现生态环境和绿色养殖双向发展；健全畜禽养殖污染环境监管体系，全面落实依法治污，优化源头，检测中间排放以及末端利用途径；切实履行生态环境部门的监管职责，实现精细化管理，可以起到有效的监督作用；选择重点区域开展试点示范，逐步推进绩效评估考核，如粪污资源化、养殖废水治理效率等，以此创建更好的养殖环境，减少畜禽养殖对环境造成的污染，更合理地实现资源的合理利用。

　　为了提高畜禽养殖期间的环保水平，必须合理地规划畜禽养殖场，增强养殖户或养殖企业的环保意识，持续推进养殖场废弃物无害化处理，全面提升畜禽养殖场清洁养殖效果。专业化、集约化、规模化、机械化、智能化养殖是养殖业的发展趋势，也是实施乡村振兴战略的重要产业之一。家禽产业发展要守好生态和发展2条底线，因此养殖场的环境控制显得尤为重要。与此同时，地方政府部门也要加大帮扶力度，为养殖户或者养殖企业提供更加专业的养殖指导，鼓励其建设先进的废弃物处理设施，持续推动畜牧业转型和升级，为畜牧业和谐、可持续发展打好坚实的基础，确保经济效益和生态效益双赢。

案例启示

　　◆ 发展农村经济，保护生态环境，是推进生态文明建设的重要保障。养殖过程中产生的粪污和废水是环境治理的重要目标之一。

　　◆ 粪污实现合理化处理，通过建设"人工湿地"，使养殖污水经过沼气发酵、沉淀，生物质池后进入人工湿地，经一系列合理化处理后用于农田灌溉。

　　◆ 养殖公司合理使用智能模式环境系统，既可以减少人力资源，又可以做到合理化节能减排，也可以给畜禽带来更为舒适的生活环境。

第四章

楼房养猪案例

农业是我国的立国之本，其中，生猪产业占据我国农业的重要地位，生猪存栏量早已稳居世界第一。但近年来，生猪产业发展面临资源和环境的双重约束，非洲猪瘟疫情暴发后，养殖企业面临更大的风险，更低成本、更高产量、更加安全的养殖模式成了许多养殖企业的诉求。在现代化、智能化背景下，现代化楼房养猪模式在我国应运而生，该模式有别于 20 世纪 80 年代将平层养猪简单叠加的养殖模式，而是在建设技术、设计细节、生产管理上都与平层叠加模式有着巨大的差异。2019 年，自然资源部和农业农村部联合印发了《关于设施农业用地管理有关问题的通知》，直接表明养殖设施允许多层建筑，扫清了制度障碍，加速了现代化楼房养猪模式的发展。各大企业纷纷投产，有数据表明，现在涉足楼房养猪的企业包括牧原食品股份有限公司（以下简称牧原）、温氏食品集团股份有限公司（以下简称温氏）、扬翔股份有限公司（以下简称扬翔）等 20 余家养殖巨头。楼房养猪一直是我国特有的产物，是我国劳动人民为应对土地资源紧张而发明的一种独有的、全新的养殖模式，一些养猪业发达的国家没有这种养殖模式。如今，城市居民对猪肉的需求增加与城市周边猪肉产能不足的矛盾越来越突出，为应对大城市周边高度紧张的土地资源，楼房养猪模式再次高调进入人们的视野。

一、楼房养猪的优势

（一）节省土地占用

现代楼房养猪最大的特点是节省土地资源，与传统平地养殖模式相比，楼房猪场可节约 90% 以上的用地，现代化楼房猪场一般高达 10 层，1 层相当于 1 栋猪舍（见图 4-1）。以年出栏 35 万头自繁自养的生猪为例，配套饲料加工车间、屠宰加工车间及有机肥加工车间，楼房猪场仅需 0.15 km²，传统猪场仅养殖环节就需要 2 km² 以上。当前，我国人口分布不均、中心城市人口密集、土地紧缺、环保措施难以控制，严重限制了"城市猪场"的发展。楼房养猪的出现完美地解决了土地利用的问题，用更少的土地实现更高的产量。

（二）方便疫病防控

在非洲猪瘟疫情暴发的时代，防疫是猪场生产的重中之重，楼房猪场利于疫病防控主要体现在同等养殖规模下，楼房猪场占地比平地猪场的少，防控面积大大缩小；楼房猪场既能遵循平地猪场的防控措施，又更容易执行，楼房各

图 4-1　楼房猪场效果图

层独立不交叉，上下层员工不能随意走动，净道、污道分离，生产互不影响；楼房内栋间、层间、单元间隔绝不交叉，栋内科学分区分流，实现外防疫病输入、内防内源扩散、病害即时清除、生物防护安全。

（三）产能高度集中

楼房猪场可实现一栋猪舍从后备母猪到妊娠母猪、仔猪保育、生长肥育猪自上而下、单向流水线生产，大大提高产能。相比于平地猪场错综复杂、线路长、难管控的路网、电网、水网及料网，楼房结构更易配备精简的配套设施及安装智能化设备，楼房猪场能将这些设施整合在相对较小的空间内，不仅能够降低成本，还更加利于管控，提高生产效率。

（四）智能生产管理

楼房养猪能实现"互联网+"养猪生产模式，打造真正的"未来猪场"。现有的技术已经覆盖基因遗传、精准营养、生物安全、环境控制及生产管理5个维度，能够实现电脑端、移动端自动管理，将生产管理监测数据上传至云平台，通过应用物联网、大数据、云计算，对生产管理数据进行全面地整合分析。配备各类生产管理过程监控设备，实现智能环控、发情检测、猪群分级、智能耳标、咳嗽监测的智能化。

二、楼房养猪存在的问题

（一）初期建设成本高

据测算，楼房养猪土建（土建指浇筑框架和楼板）和运营维护成本高，目前有漏缝地板、粪尿自动分离，能够实现机械清粪、机械通风、机械喂料的养猪场，土建造价为 500 元 /m²，而楼房的造价达 1000 元 /m²，是土建造价的 2 倍，加上装置一些智能设备，运营和维护费用也是一笔不小的支出。

（二）设计标准不统一

现代化楼房猪场的建设尚没有统一标准，各个企业仍处于摸着石头过河的阶段，建筑规格各式各样，安全问题还需验证。猪舍属于农业设施，相关监督体系缺失，建筑质量参差。楼房养猪产能高度集中，意味着管理手段、操作规范、人员培训要求更严格。四川天兆猪业股份有限公司（简称天兆猪业）的余式猪场可见图 4-2。

图 4-2　天兆猪业的余式猪场

三、楼房养猪的国内现状及应用效果

截至 2021 年底，进入楼房养猪领域的规模企业已超过 20 家，新希望六和股份有限公司（以下简称新希望六和）、天兆猪业、扬翔等巨头均位列其中。

典型的项目案例或企业布局包括如下。

①牧原在河南内乡县的肉食产业综合体项目。该项目于2020年2月开始建设，建设用地2500亩。该项目规划建设21栋6层楼房猪舍，每栋出栏10万头，年出栏210万头，年屠宰生猪和肉食加工210万头，总投资50亿元。2020年9月和11月已有2栋猪舍投产试运营，综合体于2021年上半年全部建成投入使用是全世界规模最大的单体生猪养殖项目。

②温氏的楼房养猪产业布局。据统计，目前温氏旗下的楼房养猪项目为8个，分布在广东、安徽、江西、湖南等省，总投资超过20亿元。其中首个楼房养猪项目的一期工程已在2021年1月竣工，该项目位于广东省新兴县水台镇，占地411亩，总投资3.8亿元。该项目养殖模式为温氏水台楼房式猪场，也被温氏称为"第四代猪场"，即采用"8层饲养层+1层设备层"结构，其中第8层为扩繁层，设计存栏祖代母猪560头；第7层为扩繁育成层；第1至第6层为商品代母猪繁育层，每层设计饲养基础母猪1030头。项目形成体系内种群循环，减少外来引种带来的生物安全风险，总体设计存栏母猪可达6740头，能够支撑整场年出栏肉猪15万头。

③天兆猪业的楼房养猪产业布局。天兆猪业是最早进行楼房养猪的规模企业之一，其下属独资及控股公司在四川、重庆、甘肃、黑龙江和新疆布局了10个楼房式猪舍项目，共计49栋。其中，采用余式猪场5.0楼房式猪舍模式的四川南充大沟头核心育种场已在2019年底正式投入使用。

④新希望六和的楼房养猪产业布局。目前新希望六和已在山东、河北、浙江等地建设立体楼房养猪项目10余个，设计种猪规模8万头、育肥猪规模24万头；另有储备项目在规划中，部分项目也陆续竣工交付。其中，新希望六和首个楼房养猪项目——广安新好武胜县龙女镇联合村项目已在2020年底竣工交付。该项目总占地约720亩，设计工艺采用聚落模式，包括6750头种猪场，配套有4.8万头的育肥场与35万吨的饲料车间，设计年出栏能力为17万头。

⑤扬翔的楼房养猪产业布局。当前扬翔在广西、广东投产楼房养猪项目有2个，其中，广西贵港亚计山项目已建成投产；广东南沙项目总投资约17亿，核心区域占地280亩，楼房高度17层，预计年出栏35万头，该项目将建成一个料—养—宰—商一体化高端农业互联网食品园区，通过输入原料和猪用浓缩料，输出高端猪肉和有机肥，打造"互联网+"造肉工厂。

四、楼房养猪的成功案例

（一）温氏水台楼房式猪场——广东省新兴县水台镇

该项目为温氏首个楼房养猪项目，位于广东省新兴县水台镇，占地411亩，计划总投资3.8亿元。项目分两期建设，一期种猪区年产商品猪苗15万头，二期育肥区年上市肉猪15万头，并建设有环保处理区、生活区等配套设施。

1. 每层独立的功能单元，层间隔离保障生物安全

为保障整个猪场生物安全，种猪楼每层均设计为独立的整体功能区（见图4-3）。每层楼均配置单独的办公室、电气房、水房、冲凉房、楼梯、电梯、储物房、休息室、溜管井、高压冲洗房、赶猪道等，每2层设置1个料塔房，各系统有机融合，实现人猪分梯、层间隔离、单向流动（见图4-4、图4-5）。

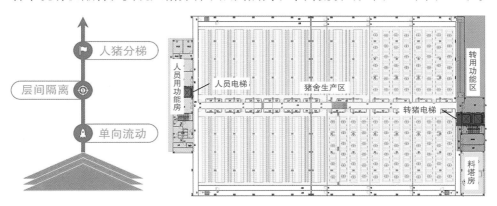

图4-3 种猪楼整体功能区示意图

图4-4 种猪楼产房采用欧式产床

图 4-5　液泡粪工艺处理、粪管集中排放

2. 采用集中式气动送料，全液态料饲喂模式

为了确保饲料输送过程中不被污染，提高饲喂效率，种猪楼饲喂系统采用场外集中气动送料模式。饲料车将饲料集中供应到场外饲料仓群，通过气动送料将集中仓饲料转运至猪场楼房下的中转料塔，再以提升机将楼下中转料塔饲料提升至高层溜管并传送至各楼层料塔（见图 4-6、图 4-7）。

饲料提升方案

集中中转仓群 ——→ 气动送料 ——→ 楼下中转料塔 ——→ 提升机 ——→ 溜管 ——→ 各楼层料塔

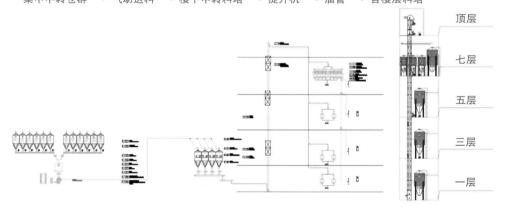

图 4-6　全液态料饲喂模式

图 4-7　液态料制作输送过程实现全封闭式自动化

3. 矢量通风设计，集中式智能环控

温氏水台楼房式猪场通风系统采用"中央集中排风 + 地沟垂直通风"模式，保证猪群获取新风。每层栏舍内风量和温度能实现全自动调控，废气通过楼顶集中式生物净化后排出，环控系统自适性强，运行简单，运行和维护成本低（见图 4-8 至图 4-11）。

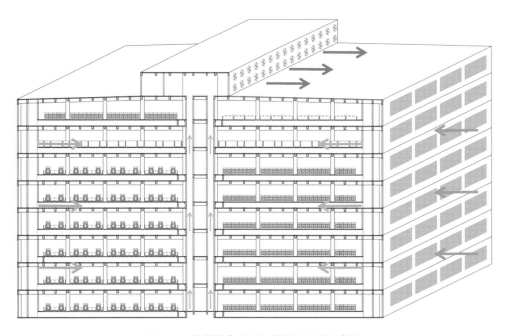

图 4-8　整栋猪舍采用矢量通风设计示意图

注：进风口设置在楼房外围，水帘内侧廊道配备有空调、单独的风量控制设备

图 4-9　猪舍矢量通风设计

图 4-10　多层防蚊网围蔽，阻断虫媒传播

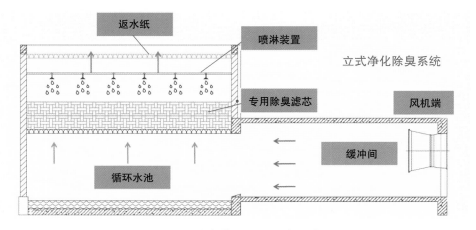

图 4-11　楼房最顶层配置除臭系统

（二）扬翔楼房猪场

1. 高生物安全保障

扬翔楼房猪场从整体设计上综合考虑生物安全，猪场各功能单元之间相互独立，每一栋楼房底层架空，形成天然的隔离，层与层之间互不关联、互不交叉，且每层内是小单元设计，独立封闭空间切断病原的传播和交叉污染（见图4-12）。

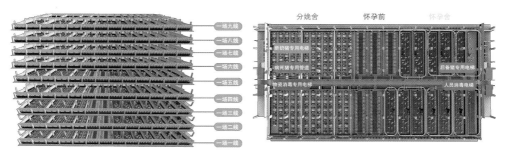

图 4-12　"楼栋 + 单层 + 小间"的层层独立封闭空间

母猪采用闭锁繁育模式，整栋楼具备了后备母猪自我供给能力，确保满产后整栋楼母猪只出不进，避免了引种带来的生物安全风险，有较高的生物安全保障。

同时通过"水帘 +L9 级空气过滤 + 中央空调盘管"3 层结构设计，保证进入的空气洁净、清新。层层把关，严格阻击病毒的侵入（见图4-13）。

目前扬翔已投产的楼房猪场成功地实现非洲猪瘟病毒"零"感染、蓝耳病双阴性（抗原和抗体），获得"伪狂犬病"净化示范场称号。

水帘降温　　　　　　　　　空气过滤　　　　　　　　废气水洗

图 4-13　三层墙体的空气过滤、废气三层水洗统一排放屏蔽病原和"四害"

2. 高智能养猪生产

扬翔与广州影子科技有限公司联合研发和运营的"互联网 + 养猪"的未来猪场（FPF 智慧养殖平台，见图 4-14），覆盖基因遗传、精准营养、生物安全、环境控制及生产管理 5 个维度，对猪场进行全面赋能，应用猪脸识别系统，通

过人工智能对猪群进行单体猪只的身份识别、育种管理、猪场生产管理、猪群健康管理、生猪流通管理，实现数据智能采集、分析、预警和控制，让猪场人员通过终端设备，直接、准确、全面地了解和控制猪场（见图4-15）。

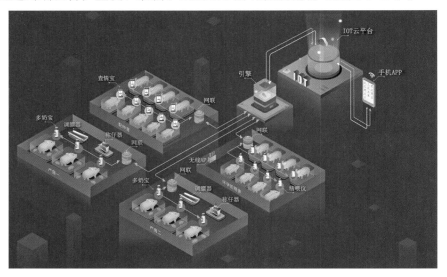

图4-14　FPF智慧养殖平台场景模拟图

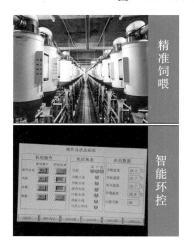
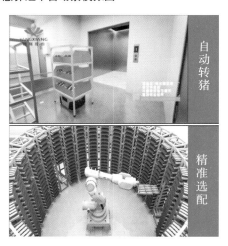

图4-15　扬翔楼房猪内部智慧设备实景图

3. 高标准环境保护

扬翔楼房猪场采用新型全自动排污系统、完善的雨污分流系统，做到了源头减量。将养殖及屠宰污水进行集中收集，经处理后达到指定排放标准，进入污水管网或外排。同时在出水口主动安装在线监测设备，并与环保部门监测中心联网，实时监控出水水质，确保对周边不产生环保压力。

病死猪及胎衣采用高温焚烧处理，残渣进入发酵罐发酵成有机肥。把固体粪便、污泥以及生物菌剂一起搅拌均匀后投入高速发酵机发酵，生成固体有机肥原料，再加入特定功能型微生物菌剂加工成高档生物有机肥，产品达到国家标准《生物有机肥》（NY 848—2012），实现固体废物资源化转化。

猪场内部产生的废气通过负压换气系统统一收集，经过4道程序处理净化，达到《恶臭污染物排放标准》（GB 14554—93），排放空气清新，养猪场外的空气、水质、生态完全不受影响（见图4-16）。

图 4-16 废气除臭系统

（三）中新开维楼房猪场——湖北省鄂州市碧石渡镇

该项目共包含2栋26层的生产大楼，总投资40亿元，建筑面积80万 m²，总层高94.2 m，预计每栋大楼实现年出栏生猪60万头。现一号大楼已正式投产（见图4-17），截至2022年10月22日已有3700头法加系二元猪入驻。2栋生产大楼采用的是立体钢筋混凝土钢架结构，坚固结实。大楼内共安装了6台货梯，每台能够承载至少40吨的重量，最大的货梯甚至达到65 m²，一次性可运送200头猪上下楼。

图 4-17 中新开维现代牧业一号生产大楼

项目运用 DCS 自动化控制系统，实现对生产过程的远程高效集中控制；3 万多个控制点实现精准饲喂；智能环控和通风系统实时监测、控制环境温湿度和有害气体浓度；集中通风、集中消毒、高温屏障和全密闭场房，保障生物安全；配套年产 50 万吨的饲料生产线，通过中压空气输送系统将饲料全密闭输送并分配到各个楼层。

大楼内实现了高度自动化，每层楼可容纳 2.5 万头猪，但仅需 10 人即可管理，极大地提高了生产效率。每层楼配备了 1 个中央控制室，工作人员可以通过全自动智能饲喂系统，对每头猪进行精准的食物投喂。

关于污水和废气的问题，中新开维楼房猪场每层猪舍的地平面设计了一定角度的倾斜，便于顶部的自动喷淋系统和地上的清洗管道出水以后，经过冲刷的地面污水能够顺着下斜角排向下方的漏粪板，进入污水处理的循环系统。根据设计要求，整栋大楼将配备超大型环保低碳处理系统，日处理污水能力将达到 10000 吨。对于粪尿产生的废气，大楼内安装了臭氧废气除臭系统。

五、对楼房养猪的未来展望

现代楼房猪场要走上"互联网＋养猪"的模式，接入智能化、信息化平台，不仅要实现生产智能化，还要做到管理智能化。配备自动供料、自动控温控湿、自动消毒、空气净化等自动化生产设备，实时监测猪只状况，智能监测猪场环境，做好风险防控。通过物联网、大数据配套先进智能化设备，使关键环节智能化、经营管理可视化、生物安全体系化、生产管理精细化、办公信息化。

现代楼房猪场要打造饲料—养殖—肉加工一体化模式。在楼房猪场配套饲料加工车间、肉品加工车间，实现一端输入饲料原料、猪用浓缩料，另一端输出成品猪肉，构建大规模猪肉生产工厂。

现代楼房猪场要实现标准化、规范化。目前，各个养猪龙头企业掀起了一股"楼房猪场热"，但各个企业建设标准、生产工艺流程、疫病防控手段各有差异，现阶段楼房养猪行业亟需确立一个行业标准，来规范楼房养猪的发展。

现代楼房猪场要走上生态化道路。楼房猪场猪群密度大，产出的粪便不加以利用，久而久之会对周边环境造成极大的污染；探索生态养猪道路，是楼房养猪发展的必由之路。实现猪—粪肥—植物—饲料的生态循环，坚持走农牧结合、生态养殖之路。

楼房养猪是我国畜牧业进入工业化阶段出现的重要的模式创新和装备集成创新，主要优势是节省土地、提高生产效率、提高单位面积产能。现代楼房养猪并不是简单的平面堆叠，而是集成高生物安全保障、高智能养猪生产、高效率安全运营、高标准环境保护等一系列新理念的运营模式。即使面临诸多挑战，智慧的养猪人也能找到对应的解决方案或替代方案。当前，楼房养猪这一新兴的养殖模式已蔚然成风，各大养殖企业纷纷投产，部分企业已经取得了卓越成效，楼房养猪将来或成为我国高效养殖的一条重要途径。

案例启示

◆ 动物安全生产，设备设施要先行。楼房养猪是我国畜牧业进入工业化阶段出现的重要的模式创新和装备集成创新，在土地资源紧缺的情况下，因地制宜建立楼房养猪模式，保证生物安全，为猪营造出良好的生活条件，值得养殖企业参考学习。

◆ 现代楼房猪场打造种植—饲料—养殖—肉品加工一体化模式，是猪肉食品安全的重要保障。乡村振兴，产业先行，要做到养殖标准化、模式化和规范化，使之形成重要的农村组织形式，同时与食品加工结合起来，为城镇居民提供安全、美味、健康的猪肉产品，形成良性生态循环。

◆ 客观、理性、科学、正确地认识楼房养猪的优势和缺点，扬长避短，因地制宜地实现高质量安全养猪，生产高品质的猪肉产品。

第五章

动物福利案例

　　动物福利产生于 19 世纪初的英国，随着生物科学的发展，人们逐渐认识到动物具有生命，具有感知痛苦的能力，不应该恶意地虐待和残害动物。从 19 世纪初到 20 世纪中叶，欧洲国家纷纷效仿法国、英国，建立了本国的动物福利法。这些法律主要是以反对人类残酷、随意对待动物为主题。经过一百多年的发展，动物法律体系趋于完善。20 世纪中叶以后，动物福利进入了赋予动物权利的新时代。其间，有一批哲学家丰富和发展了动物福利的理论，其中代表人物有彼得·辛格、汤姆·雷根、玛丽·沃伦、马克·罗兰兹等。2004 年，世界动物卫生组织将动物福利指导原则纳入世界动物卫生组织《陆生动物卫生法典》中，并不断完善，随后在《实验动物福利通则》中明确指出，动物福利是指动物的状态，即动物适应其所处环境的状态。由英国农场动物福利委员会提出的动物福利的五项基本原则也继续为其形式进行完善，具体内容包括：①为动物提供保持健康和精力所需的清洁饮水和食物，使动物免受饥渴；②为动物提供适当的庇护和舒适的栖息场所，使动物免受不适；③为动物做好疾病预防，并给患病动物及时诊治，使动物免受疼痛和伤病；④为动物提供足够的空间、适当的设施和同种动物伙伴，使动物自由表达正常的行为；⑤确保动物拥有避免精神痛苦的条件和处置方式，使动物免于恐惧和悲痛。至此，动物福利的概念完成了从单一的反对虐待动物到全面地提高动物生存质量的变化历程。动物福利的核心问题就是避免让动物遭受痛苦，如果无法完全避免动物的痛苦，那么就应该使其降至最低。不仅要满足动物对食物、饮水、庇护场所、空间大小、社会交流等的需要，同时，还要给动物提供充分表达本能行为的必要条件，这是对动物福利的高层次要求。

一、动物福利的优势

（一）增加经济效益

　　农场动物的经济效益与动物的健康状况、福利水平密切相关。处于亚健康的农场动物与健康的农场动物相比，其生长性能、生产性能、肉蛋奶品质都会低很多，直接影响经济效益。因此采用更加科学的饲喂配方，更加合理的饲养管理可以显著改善动物的生长性能和肉蛋奶品质，更大程度地发挥动物的遗传潜力。合理运用屠宰技巧减少动物痛苦，可以有效减少动物应激，产生黑硬干（DFD）肉、苍白松软渗水（PSE）肉，使动物性产品的质量有保障，经济效益也得以提升。一些机械化程度不高的发展中国家通常使用动物来代替机械，

因此改善它们的营养水平、饲养条件和工作条件，能让动物提供更好的畜力。

（二）提高生态效益

畜禽养殖业具有养殖场的废水、微生物病原体、饲料中的农药残留等多个方面的污染源，对土壤、大气以及水体都会产生不同程度的污染。一方面，畜禽的排泄物中含有很多难以分解的有害气体，包括硫化氢、粪臭素、氨气、吲哚等上百种有害物质，如不经过处理，随意排放不但影响人类和畜禽的健康，还会导致酸雨等现象出现，对大气造成严重的污染。另一方面，我国的畜禽饲料质量不高，很多地区用发霉变质的粮食喂养畜禽，这些物质在动物的体内很难被分解，再加上畜禽体内可能含有很多抗生素类药物残留，排泄未经处理的畜禽粪便如果直接用在农田中，会引起农作物减产和晚熟，产出的农产品对人类的危害不言而喻，并且对土壤的损害也是非常严重的。提高动物福利，改善动物生存环境，改善畜禽饲料质量，科学规划养殖方案，不仅能降低动物的发病率，减少抗生素、污染物总排放量，保护生态的同时也提高了经济效益。

（三）满足社会效益

社会文明进步包含着人类尊重动物、关心动物、善待动物的态度，培养动物福利意识，有助于将人类从妄自尊大、自我为尊的意识中解脱出来，转向以自然为中心，热爱自然、敬畏自然。在人类医学、动物医学等生命科学的研究领域中，实验动物为人类做出的巨大贡献不可否认。从摩尔根把果蝇作为研究遗传规律的材料，到现代科学家通过动物进行转基因克隆，都是为了揭示生命本质、提高人类健康水平和满足人类对动物产品的数量和质量方面日益增长的需求。实验动物作为动物试验中的关键因素，有着不可或缺的重要性。而实验动物具有与人类相似的感情和心理活动，在饥饿、恐惧等环境下，实验动物的生理和心理状态都有可能处于异常。无论是心理上的还是生理上的异常，都将影响实验结果的准确性，因此改善实验动物福利，有利于改善动物生理和心理状态，提高科学实验的有效性和准确性。

二、动物福利存在的问题

动物福利要求为动物提供足够的生存与活动的空间，使动物能够自由地表达其正常行为。我国是发展中国家，动物福利意识和动物福利工作落后，特别是农村经济发展还相对滞后，而畜禽等食用动物主要饲养在经济尚不发达的农村，传统落后的生产方式仍占主导地位，动物福利问题十分突出，也非常普遍。近年来，我国不断推出新的政策，降本增效，舍饲圈养等养殖模式日渐增多。这种高密度的饲养方式，造成畜禽拥挤，活动不便，没有自由，不能表现其正常行为，同时舍饲主要采用规模化和集约化生产方式（见图5-1、图5-2），这就导致动物的生产性疾病大为增加。如奶牛生产规模越大和越集中，产奶量越高，其发生乳腺炎、腐蹄病和繁殖性能障碍的概率也就越高。许多养殖场及养殖户为了追求高产量，盲目使用各类饲料及添加剂，不考虑畜禽的生理特点与营养需要。在农村小规模分散饲养中，滥饲乱喂的现象很普遍：一是滥用或过量添加矿物质、维生素、抗生素等添加剂，造成动物中毒；二是饲喂营养成分不全的饲料，使畜禽发生营养缺乏症；三是有啥喂啥，饥一顿，饱一顿，影响动物正常生长发育。

图 5-1　规模化养猪场

图 5-2　集约化养猪场

三、动物福利的成功案例

日光温室"猪—沼—菜"模式是指在北方的日光温室菜棚一端修建沼气池，在沼气池上建猪舍，把养猪、制作沼气和种菜合理配置，形成能源（太阳能、沼气）和肥源（牲畜粪尿、沼液和沼渣）紧密联系，养殖和种植相结合，"畜、沼、菜"三位一体的生态复合农业工程（见图5-3）。该项目位于河北省平泉市，承德三元中育畜产有限责任公司与当地政府携手，采用"公司＋农户"的方式，推广"猪—沼—菜"模式生态复合项目，经初步尝试取得了较好的经济效益，深受当地农民欢迎，近半年来已发展养殖户100余户。

图 5-3 "猪—沼—菜"三位一体生态复合农业工程

1. 温室环境调控技术

日光温室大棚中能保证猪生长所需的适宜温度是 10 ～ 28℃，相对湿度为 70% ～ 80%。冬季温度低时，封闭棚膜，关闭通风口，并在棚膜上覆盖草帘或棉毯，各处门口及窗口挂棉帘保温；夏季温度高时，揭开 1 ～ 1.5 m 的棚膜，打开后墙通风口或棚顶通风口，棚顶可用黑色篷布遮光，温度再高时可给猪体表洒水以降温防暑。冬季温度低时，可在猪舍的塑料薄膜离地面 1 m 以上，开几个能开启和闭合的小窗口（30 cm × 30 cm），改善猪舍内空气质量和调节温度。

2. 科学饲养管理

选择优良品种的猪苗，提供优质全价饲料和科学的饲养管理，保持温暖、干燥、清洁的环境，采用"全进全出"的饲养工艺。做好常规疫苗的免疫注射，做好定期和不定期的消毒工作，猪舍和菜棚的施药工具分开使用，并且错开日期进行。蔬菜的茎叶等副产品可代替部分饲料用来喂猪，生产出的猪肉肉质鲜美、风味独特。

3. 三方效益均满足

河北省平泉市榆树林子镇 10 m 长（约 75 m²）的菜棚平均年种菜收入在 3500 元左右。若饲养 40 头猪，3 ～ 4 个月出栏，按每头猪获利 40 ～ 100 元计算，可收入 1600 ～ 4000 元，1 年出栏 3 批，年收入 4800 ～ 12000 元；同时沼气每年可节省燃料、电费 500 元；种菜用的粪肥自给，每年可节省购买粪肥的费用 1500 元。抛去投资成本 5000 元，农户发展"猪—沼—菜"模式生态养种项目比单纯种菜每年可多收入 4000 ～ 12000 元，经济效益增长明显。温室养猪的优点是出栏的肉猪健康又安全，猪粪尿经沼气池有效发酵达到了生物安全的目的，可作有机肥料还田，种植无公害蔬菜，避免产生环境污染；产生的沼气用来做饭、照明，解决了农村的能源问题，农民不再上山乱砍滥伐，改善了生态效益。"猪—沼—菜"模式生态养种项目的推广为农村剩余劳动力，特别是北方农村冬季的闲散劳动力提供了就业机会，不但增加了农民的经济收入，改善了农民的生活质量，还有利于农村的社会安定。

四、对动物福利的未来展望

动物福利作为一门学科发展到今天，已经从纯理念上人与动物的关系怎样、如何对待动物的哲学或伦理争论中慢慢解脱出来，转变为人们更多地关注在利用各种用途的动物时如何善待动物，并付诸实践。因此，动物福利的未来发展有以下3个主要趋势。第一，动物福利越来越强调以科学为依据。例如，动物福利水平高低需要一定的数据来证明，一些养殖新模式是否符合动物的需求都要以动物的生理和行为反应来评价。第二，动物福利与生产实践的关系越来越紧密。例如，世界动物卫生组织在发布《陆生动物卫生法典》以后，陆陆续续地将动物陆路运输、动物海上运输、动物空中运输、供人食用的动物屠宰、为控制疾病的动物宰杀、流浪动物的控制、研究和教育方面的动物使用、动物福利和肉牛生产系统、动物福利和肉鸡生产系统共9个动物福利标准纳入《陆生动物卫生法典》；这些标准都为相关产业的良好实践或特定动物的良好管理提供指导原则，将动物福利要求落实到动物生产或管理的各个环节。第三，对各种用途的动物福利差异化要求越来越明显。人们逐渐认识到，农业动物不可能获得像伴侣动物那样的日常照顾和医疗服务，只能分门别类地制订各自的动物福利良好操作指南，并运用到各自的领域。

农场动物福利已成为畜牧业发达国家广泛认同的可持续健康养殖理念，具有保护环境与节约饲料资源的生态效应、改善养殖效益与促进消费升级的经济效应，以及保障公共安全与促进社会文明的社会效应。而我国畜牧业正处于环境治理与饲料资源短缺双重约束持续增强、畜禽产品质量效益与竞争力仍需持续提升、健康中国与道德法治建设持续推进的发展阶段，农场动物福利能通过释放生态效应、经济效应和社会效应，有效推动我国畜牧业可持续发展。据此，提出制定和完善农场动物福利的制度体系，鼓励和引导经营主体改善农场动物福利，普及和深化对公众的动物福利教育，推进和强化动物福利的交流与合作的发展思路，以期推动畜牧业可持续发展。

案例启示

◆ 完善动物福利体系，要结合动物福利五项基本原则。要保证动物饮食饮水干净，为动物提供舒适的栖息场所。及时接种疫苗，及时治疗患病动物，采取人道屠宰和处理方法使动物免于恐惧和悲痛。温室养猪的例子可供参考学习。

◆ "猪—沼—菜"模式生态养种是一种新的尝试，不仅降低了机械设备的投入成本，还降低了劳动力成本，省去了清理猪舍等复杂工序，而且便于改造，实现了多重目标。此模式与传统的庭院模式养猪在技术要求上有明显不同，因此需要当地政府畜牧技术推广部门或相关畜牧技术服务企业加大对农户定期和不定期的培训，引导农户学习种植、养殖方面的知识，提高农户的技术水平和致富信心。

◆ 正确地认识温室养猪的优势和缺点，谨慎尝试，不盲目跟风，扬长避短，因地制宜地实施动物福利的具体方案，为大众提供高品质的肉蛋奶制品。

◆ 即便是根据我国2021年公布的《国家重点保护野生动物名录》中，只有980种和8类野生动物受到法律保护，而农场动物、实验动物、宠物等并没有被保护。因此，应当从立法层面扩大动物保护范围，以求更全面地落实动物福利保护工作。

第六章

无抗饲料与无抗养殖案例

自 1946 年在饲料中添加抗生素以提升畜禽生长性能以来，抗生素的应用越来越广泛，其虽然促进了动物蛋白生产，但是也产生了一些负面影响。为获得最大生产效益，养殖户在饲料中添加大剂量、复配型抗生素，导致畜禽代谢产物中药物残留严重，流向大自然，污染水源、土壤，间接被动物和人吸收，造成不可逆转的恶性循环。同时，饲料中添加抗生素，降低了畜禽产品的品质，增加了药物残留的风险。在倡导食品绿色、安全、无污染的今天，抗生素的使用状况已经引起政府的高度重视。2006 年欧盟全面禁止在饲料中添加抗生素，美国也出台了相关的法规加以规范抗生素的使用，确保食品的安全。2002 年我国公布 37 种禁用和限用兽药清单，其中禁用 29 种、限用 8 种，主要是抗生素类药物。2012 年修订的《饲料和饲料添加剂管理条例》开始对抗生素类饲料添加剂进行严格控制。2020 年农业农村部第 194 号公告称，自 2020 年 7 月 1 日起，我国饲料中全面禁止添加抗生素，减少滥用抗生素造成的危害，维护动物源食品安全和公共卫生安全。饲料从有抗饲料到无抗饲料发生根本性转变。近年来，随着社会的发展和人们生活观念的改变，人们关注生活环境和食品安全的积极性有了极大地提升，食品可追溯体系变得愈加重要。在动物蛋白生产领域，动物生产过程中抗生素的使用也备受关注，人们在抗生素的效益与安全之间进行着博弈，以求平衡。无抗饲料与无抗养殖正是在这样的大背景下，成为行业关注的焦点。

一、无抗饲料与无抗养殖的现状

截至 2022 年，丹麦已"禁抗"21 年，欧盟已"禁抗"14 年。成熟使用无抗技术的丹麦和荷兰，其养猪水平最高（见图 6-1），说明无抗技术有其实现的可能性。但在"禁抗"的过程中，饲料中的抗生素用量减少了，治疗用抗生素的使用量却大幅上升，导致养殖业抗生素使用的总量并没有下降，直到 2016 年以后，养殖场的抗生素用药才开始逐年递减。为了应对"禁抗"带来的挑战，欧洲一些养殖业发达的国家开始从育种、饲料配方、生产加工、生物安全及抗生素替代品等方面寻找综合的解决方案。

2021 年，我国正式步入饲料"禁抗"时代，相关高校、科研院所、饲料和养殖企业纷纷加快寻求"替抗"技术和方案。2021 年 11 月，农业农村部遴选了 114 项农业主推技术，畜禽抗生素减量替代技术位列其中。当前，市面上已涌现不少"替抗"产品，包括微生态制剂、生物活性肽制剂、天然植物中草药制剂等。虽然市场上产品多样，但是质量和效果参差不齐，并且尚未形成真正

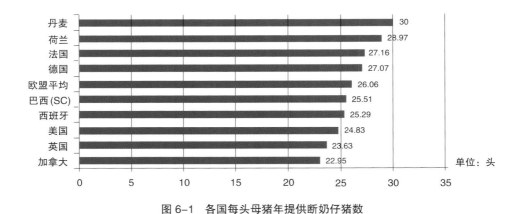

图 6-1　各国每头母猪年提供断奶仔猪数

意义上的按质论价的政策体系，缺乏调整消费理念以及激励实际购买行为等的市场机制，在应用领域标准不一，差异较大。

二、无抗饲料与无抗养殖的优势

无抗饲料是指在饲料生产、存储和运输过程中不添加抗生素，不受抗生素污染，符合国家法律法规要求、经国家或国际规定的检测方法不应检出任何抗生素的饲料。当前对于无抗饲料的研究表明，无抗饲料替代抗生素后对动物的生长性能及腹泻发生率等无显著负面影响，可见饲喂无抗饲料是具有可行性的。无抗饲料包括天然植物饲料、发酵饲料等，目前"替抗"产品主要分为中草药（天然植物）、寡糖、益生菌、酶制剂、酸化剂、植物精油、抗菌肽等。

无抗养殖是指以保护动物健康，保护人类健康，生产安全、营养、无抗生素残留的畜禽产品为目的，最终以无抗畜牧业生产为结果的养殖模式。养殖业已有 7000 多年的历史，经过一次又一次的改革，养殖业的发展从天然植物的养殖阶段、中药养殖阶段、抗生素全程养殖利用阶段到无抗养殖阶段和未来的完全无抗养殖阶段。无抗养殖的关键在于"替抗"产品的选择、动物机体的免疫力以及对无抗养殖一线细节的把控程度与实施。

1. 提升品质与口感

在饲料中不添加抗生素，可以保证饲料的固有风味，增加适口性，提升动物的采食量，长期使用，动物肉品质逐渐趋向于天然和有机的状态。以无抗生态发酵饲料饲养肥育猪为例，饲料适口性好，猪喜吃爱睡，活跃度提升，使猪的肉质细嫩不油，无腥异味。因发酵后的无抗饲料会产生乳酸等酸香物质，这些物质不仅能够刺激动物味觉，增加采食量，还能去除饲料中的植物酸、硫甙和单宁等抗营养因子。在饲料和养殖过程中，添加天然植物（中草药）、多糖等，不仅可以提升饲料的品质，还可以提升动物产品的品质和口感。例如在饲料中添加植物精油和有机酸，不仅可以抑制外界细菌对饲料的污染，还可以提升动物的肉品质。

2. 绿色安全，保障动物生长

无抗饲料与无抗养殖的最大优势是安全，因其没有抗生素，原料来自自然或经过常规饲料工艺加工，常规养分成份不改变，没有药物残留以及药物相互之间影响的风险。在实际工作中，替代抗生素的是各种天然植物提取物、酶制剂、酸化剂、益生菌等，原料来源绿色、天然，对环境友好，具有可替代性，其对动物生长有促进或补充作用，尤其在提升机体抗应激和调节肠道方面效果显著（见图6-2）。

大部分受访者表示，益生菌（响应率50%）和有机酸（响应率49%）的效果最好，产品的可得性和用户经验可能影响这些数据。例如，接近1/5的受访者"不知道"植物素/精油（响应率19%）或益生菌（响应率17%）的功效（引自国际畜牧网）。

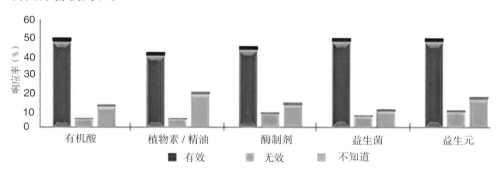

图6-2　饲料添加剂对抗生素的替代效果

3. 节约成本，提升潜在效益

在养殖实践中，向饲料中加入无抗的替代品，可有效提升饲料的转化效率。例如，向饲料中加入植酸酶，可有效提升磷的利用效率，从而提升机体内部细胞磷利用相关机制，提升转化效率，进而节约成本。同理，饲养过程中添加山银花、黄芩提取物能促进肉鸡生长，提高饲料利用率、降低料重比。一部分天然植物复合物，如含黄酮、皂苷、多糖的发酵天然植物复合物，可提升肉品质，为消费者所喜爱。

4. 政策的支持，友好可持续

在人民愈加重视食品安全基础上，农业农村部的第 194 号公告规定于 2020 年 7 月 1 日起禁止在饲料中添加抗生素。在发达国家，养殖端"替抗"模式优于我国，目前，在我国养殖过程中使用有抗的生产模式，是向完全无抗生产模式的过渡。畜牧业把无抗养殖技术作为未来发展的方向，主要有 2 个原因：一方面，人类迫切需要保护人类自己的家园和生物多样性；另一方面，人类需要为下一代的传承做好可持续的铺垫，功在当代，利在千秋。无抗下的饲料和养殖，符合人类可持续发展需要。

三、无抗饲料与无抗养殖存在的问题

（一）无抗饲料存在的问题

（1）平衡无抗效果与成本问题，潜在的价值如何被大众认可。饲料无抗后，添加的"替抗"产品种类繁多，不是使用一两种"替抗"产品就能有效保障动物生产过程疾病的低发生率、低死亡率，而是多种"替抗"产品的配合，从而导致了生产中相对成本增加。目前，向饲料中添加"替抗"产品中，部分只有调节肠道的作用，并无增重的作用，其临床效果亦难以标准化。对于部分提升肉质的"替抗"产品，大部分消费者对其认可也需要一个渐变的过程。

（2）"禁抗"后，短期内养殖端成本上升，养殖一线需要一系列解决问题的基本可行方案。饲料无抗后，短期内畜禽成活率会受到影响，间接会影响养殖成本，机体在无抗条件下动物机能的变化，需要通风、光照、防疫等一系列的适当改变，使之调整到适宜的生长区间。

（3）实现无抗饲料饲喂后，出现生长增速减慢的问题。实现无抗饲料饲喂后，营养素组学配比无法精确掌握，原料的产地、品质与变化仍不好确定，有抗饲料的代谢情况不一定适用于无抗饲料的代谢情况，需要有一定原料预处理和配方调整。

（4）饲料无抗后，亟需一整套新型的营养评价体系和饲喂体系，需形成原料精细化评价体系。

（二）无抗养殖存在的问题

（1）畜禽健康问题是畜牧业最关键的问题，养殖环境和动物的肠道受自然因素的影响较大，监控动物的行为和疾病难度大。

（2）无抗养殖中可利用的天然植物或品种广泛，但利用率有限。既缺乏统一的可执行的标准，也缺乏无抗养殖各个环节的相关影响机制。

（3）无抗养殖不是简单的堆砌工程，而是一项系统工程，既要做好前端的抗病育种、抗病营养，又要重视过程的实现以及风险的预测与处理，目前尚未形成有效的体系。

（4）缺乏适合广泛养殖户的可实施的无抗养殖方案。

四、无抗饲料与无抗养殖的成功案例

广西兴业和丰禽业有限公司是一家集三黄鸡、土鸡繁殖培育，鸡苗孵化，肉鸡饲养，饲料生产，蛋品销售，肉鸡屠宰，冷链加工，下游产品加工及冷链物流为一体的广西区级农业产业化重点龙头企业。其打造的核心品牌——和丰富硒鸡放养在广西北回归线以南的生态环境，使用无抗健康养殖模式，鸡肉无药物残留、无重金属残留、富含硒元素。和丰鸡生长过程中食用五谷杂粮、天然植物、益生菌等，因此鸡肉皮下脂肪少、肉质细嫩、味道浓郁、味道鲜美，此外还具有低胆固醇、低脂肪、富含维生素的特点。其采用的无抗养殖技术优势显著，主要表现在以下 4 个方面。

1. 注重品种品质优化

注重广西本地三黄鸡品种培育，其培育历史悠久，约有百年，是广西玉林地区最早选育三黄鸡品种的企业。拥有和丰和绿林三黄鸡 1 号、和丰和绿林三黄鸡 2 号、和丰和绿林土鸡 1 号（见图 6-3）、和丰和绿林土鸡 2 号（见图 6-4）等诸多品种。

图 6-3　和丰和绿林土鸡 1 号　　　　图 6-4　和丰和绿林土鸡 2 号

2. 有效的全自动、全产业链养殖系统

养殖区采用全自动全环控育雏，全自动净化鸡舍和标准化肉鸡舍，采用全自动投料、智能供水加药系统，以及自动饮水、自动清粪、智能温控、智能通

风系统，有效提升了养殖效率。

3. 及时的无抗饲料运转体系

通过对鸡群营养的精准控制，及时向饲料中添加多种天然植物，来提升肉鸡品质。饲料从生产到利用全程控制在15天内，运转及时，确保饲料内部养分和固有气味不丢失、不变质。

4. 可行的无抗富硒、生态循环养殖技术

通过在养殖过程中添加"替抗"产品，如益生菌、植物香料等，来减少动物疾病的产生，过程中进行饲料源硒处理，生产出优质的富硒鸡。鸡场注重生态和动物福利（见图6-5），运行有效的病原净化执行体系及废物资源化、富硒鸡标准养殖、鸡粪有机肥生产、微生态饲料等一系列生产体系促进了和丰生态无抗养殖技术的实现。

图 6-5　鸡场动物福利

五、对无抗饲料和无抗养殖的未来展望

无抗饲料在大方向上还包括野生天然植物发酵饲料和原粮型植物发酵饲料，未来还将向更深更广发展，如植源性农作物剩余物处理与发酵等，相关领域发展亦将掀起科技革命下的无抗变革。无抗养殖在未来最大的变革可能发生在人工智能数据端行为学数据化后，机器动物可能将代替人工实现饲养与管理，实现"动物管动物"的模式。在深层次无抗养殖方面，还包括水质无抗、土壤无抗、空气无危险污染物、过程无危险污染物方面。

无抗饲料因其安全、无污染、无残留，保护大自然生态系统，在我国已被

大众所接受，并形成了规模。未来，随着饲料工业和饲料应用科学的发展，无抗饲料的广度和深度都愈加扩大，更符合人类社会发展规律。无抗养殖由养殖业三次革新转化而成，其绿色、自然、注重动物福利，符合大众的追求，并逐渐从过程无抗到完全无抗，未来完全无抗养殖或将逐渐成为现实，在人类可持续发展中将占有一席之地。

案例启示

◆ 广西玉林和丰禽业无抗发展模式，值得相关从业者学习和借鉴。半放养模式符合动物福利的要求，饲料中添加天然植物（鬼针草）等一系列"替抗"产品，养殖过程中添加各种天然植物复合物等符合绿色农业发展要求；在终端加工方面，液氮速冻技术有效保证了产品品质。当前，无抗模式在黄羽肉鸡方面的应用相对于白羽肉鸡成熟。在白羽肉鸡方面，由于其生长速度之快，对环境要求相对较高，机体处于高生长、高代谢状态，因此对无抗下机体适应性改变需要调整相应方案，逐渐实现无抗养殖。

◆ 我国的无抗养殖技术体系需要根据我国实际国情来逐渐实现，需要大量的前端探索和实践，这是一个持续更新的过程，其关键在于因地制宜，解放思想。

第七章

猪低蛋白低豆粕多元化日粮技术

近年来随着我国养殖规模不断扩大，蛋白质饲料资源紧缺、非常规饲料利用率低、饲料成本高涨和氮排放污染已成为制约我国养猪业可持续发展的瓶颈。2022 年以来，受新型冠状病毒感染疫情、中美贸易战、俄乌冲突等因素影响，全球粮食价格波动剧烈，人畜争粮问题日益凸显，我们应更加清醒地意识到玉米豆粕减量替代的紧迫性和饲料粮安全的重要性。豆粕减量是国家战略，是畜牧业降本增效的主要途径。如何在满足畜禽生长的营养需求下调控饲料营养结构以及降低蛋白质在饲料中的比重是目前畜牧业亟需解决的主要问题。

低蛋白日粮是指以净能为基础，依据蛋白质营养的实质和氨基酸平衡理论，在不影响动物生产性能和产品品质的条件下，通过添加饲用氨基酸及其类似物，优化蛋白源结构等方法，降低日粮粗蛋白质水平、减少蛋白原料用量和氮排泄的日粮。

低蛋白低豆粕多元化日粮是指以低蛋白日粮生产技术为基础，依据各种能量饲料和蛋白质饲料的可利用养分营养价值数据，配制的原料种类多、养分互补性强、营养平衡度高的低豆粕日粮。

非常规饲料原料通常指在配方中较少使用，或者对营养特性和饲用价值了解较少的饲料原料。在此特指除豆粕、玉米外的用于配制配合饲料的饲料原料。

降低豆粕用量可减少大豆进口总量，降低养殖成本和减少氮的排放量。猪低蛋白质日粮的研究结果显示：减少豆粕用量 2%，日粮粗蛋白水平每降低 1%，饲料成本可降低 1.5%，氮排放量可降低 8% ～ 10%。

猪低蛋白日粮的研究始于 1995 年，经过近 30 年的不断探索，其内涵逐渐丰富，标准化工作也逐渐完善。目前，我国已经出台了《生猪低蛋白低豆粕多元化日粮生产技术规范》团体标准（T/CFIAS 8001–2022）。

一、猪低蛋白低豆粕多元化日粮技术的优势

维持氮代谢平衡，减少环境污染。现代化、集约化的养猪方式使得生猪粪、尿的排放较为集中，粪、尿中残存的氮、磷等流失到土壤、空气、水体中，对环境造成一定的污染。猪日粮中粗蛋白水平降低 1%，可使氨排放量减少 10%，这意味着 1 万头猪规模的养猪场每年可以减少排放近 10 吨的氨，这个减少排放的量相当于 150 吨豆粕中的蛋白质含量。在理想蛋白模式的基础上，低蛋白日粮有助于提高氮的利用效率，应用低蛋白氨基酸平衡日粮是降低氮排放的有效途径（见表 7–1）。

表 7-1 日粮蛋白水平降低 1% 对猪的氮排放量的影响

生长阶段	总氮排泄减少 / %
仔猪	9.5
仔猪	8.9（粪氮）
生长猪	21.2（尿氮）
	10.7（粪氮）
肥育猪	16.6（尿氮）
	9.3（粪氮）
生长猪	17.3（尿氮）
生长肥育猪	8.5
28 个试验总结	8.4

改善肠道健康、降低疾病发生率。饲粮粗蛋白水平不是越高越好，如超出了畜禽的生产需要，多余氨基酸会分解为氨、尿素氮等含氮物质而被机体排出体外，造成饲料资源浪费。在养殖生产中，饲粮粗蛋白水平高还容易增加畜禽肝脏、肾脏负担，尤其是幼龄畜禽的胃肠道发育尚未完善，消化不完全的蛋白质进入肠道，会导致畜禽发生腹泻、下痢等疾病。大量研究发现，低蛋白日粮可通过降低肠道 pH 值及肠道有害代谢产物的含量，减少肠道内未消化的含氮物质，改善肠道菌群结构，有助于缓解仔猪断奶应激反应和降低腹泻率。此外，饲粮蛋白质含量高，氨基酸利用不完全，会造成动物肾脏排泄氮的压力，进而损伤畜禽肾脏（见图 7-1）。

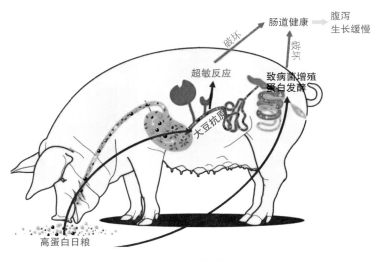

图 7-1　猪消化过程示意图

节约蛋白质饲料原料，提高经济效益。我国是畜牧业大国，饲料生产发展迅速，但主要的饲料原料短缺，特别是蛋白源饲料短缺问题日益严重，鱼粉、豆粕等依赖进口，受制于人。在新型冠状病毒感染疫情对国际饲料市场影响的背景下，养殖饲料成本不断提升，制约了我国养殖业的可持续发展。根据净能体系，将猪饲料中的粗蛋白水平降低3%，每年可节约相当于1000万吨豆粕的蛋白质饲料。随着合成氨基酸技术不断提升，日粮中补充适量的合成氨基酸可降低日粮蛋白水平，开发产量丰富且价格低廉的非常规饲料资源，不仅能够降低豆粕的使用量，降低生产成本，也能缓解鱼粉、豆粕等蛋白质饲料原料短缺问题。

二、猪低蛋白低豆粕多元化日粮技术存在的问题

（1）我国的养猪业目前仍是以中小型猪场为主，饲养管理水平较低，对饲料品质的评判过度依赖粗蛋白水平，限制了低蛋白日粮在行业内的应用。

（2）饲料原料营养数据收集与应用不充分。低蛋白日粮配制需要完善的原料基础数据支撑，配套采取精准配方技术和精细饲养管理。目前，我国饲料原料营养数据库仍不完善，基础数据储备不足，资源共享程度和数据更新速度还有待提高。

（3）国内绝大部分养殖企业未能深刻认识到低蛋白日粮应用对养殖业的氮减排效果的影响，相关法律法规体系和支持政策也未能给予充分认可，目前只形成了团体标准。

（4）降低饲粮粗蛋白水平仅平衡必需氨基酸水平，会导致非必需氨基酸的缺乏，使大量必需氨基酸在肝脏中代谢转化为非必需氨基酸，从而造成必需氨基酸严重浪费。因此，在粗蛋白水平过低模式下，除平衡赖氨酸、蛋氨酸、苏氨酸及色氨酸外，还需考虑添加特定非必需氨基酸。由此可见，补充非必需氨基酸是进一步完善低蛋白日粮的可行性途径。

三、猪低蛋白低豆粕多元化日粮技术的成功案例

为保障饲料粮食安全，落实农业农村部"提效减量，开源替代"的部署，中国饲料工业协会于2022年1月17日完成《生猪低蛋白低豆粕多元化日粮生产技术规范》立项。本团体标准于2022年3月10日通过专家审定，2022年5月13日起实施。

2022年9月20日，农业农村部办公厅发布《关于公布饲料中豆粕减量替

代典型案例的通知》，公布了八大应用典型案例，其中扬翔的生猪低蛋白多元化日粮应用的案例上榜。

1. 减少豆粕用量 6 万吨

扬翔通过连续多年的生产实践积累，确定了生长育肥猪最佳阶段划分、各阶段饲料最佳蛋白水平和适宜净能值等参数，形成了适应自身养殖生产特点的生猪低蛋白氨基酸平衡日粮技术体系。

通过合理添加赖氨酸、蛋氨酸、苏氨酸、色氨酸、缬氨酸和异亮氨酸等合成氨基酸，在保证生猪生产性能的前提下，将养殖全程饲料粗蛋白水平降至 14%。

对小麦、大麦、高粱等谷物类原料进行淀粉、氨基酸等重要化学成分的全项分析检测，采用可消化氨基酸和净能预测模型，结合养殖场生产数据和饲料产品市场效果反馈，持续修正更新自有饲料原料数据库的营养参数，精准评估原料的可消化氨基酸及净能值等营养参数。

扬翔自有生猪养殖用料和外销饲料产品全部采用低蛋白氨基酸平衡日粮技术。2021 年，扬翔生猪配合饲料产量 200 万吨，豆粕平均用量占比为 12.1%，比养殖业消耗饲料中豆粕平均含量低 3.2 个百分点，相当于减少豆粕用量 6 万吨。

2. 从共性批量营养到个性精准营养

扬翔坚持给猪提供最精准的营养，大力推动饲用粮高效利用行动。围绕精准原料检测、精准营养需求、精准配方调整、精准生产加工和精准饲喂管理，以及搭建数字化平台及体系，推出精准营养智能设备——精喂仪，实现了从传统批量共性化的饲料生产到定制个性化的营养供给的转变，不仅有效降低成本，同时还最大化地挖掘、释放生猪的生长潜力（见图 7-2）。

图 7-2　精喂仪工作画面

扬翔的"基于母子一体化提高母猪年提供断奶仔猪数的精准饲养技术的建立和推广运用"项目，正是围绕我国母猪繁殖效率低的重大问题，通过构建母猪精准饲养技术方案，帮助母猪营养最大化，提高饲料利用率进而节省饲料成本（见图7-3、图7-4）。

图7-3　扬翔生产实践图1

图7-4　扬翔生产实践图2

3. 营养配比合理饲喂，低蛋白日粮减排又壮猪

扬翔在贵港新华猪场育肥猪存栏量2000头，年出栏量4000头（见图7-5）。饲料原料中，玉米占10%～20%，豆粕占9%～13%，小麦和大麦占45%～65%。通过推广低蛋白日粮饲料，饲料中蛋白质含量从15%降低到13%。饲喂常规蛋白质含量的饲料，养殖场温室气体年排放量为286.01吨二氧化碳当量。通过采用低蛋白日粮饲养方式，氮排泄量降低14.8%，堆肥过程氧化亚氮排放量减少了32.15吨二氧化碳当量，温室气体总排放量为253.86吨二氧化碳当量，总量减排11.24%。

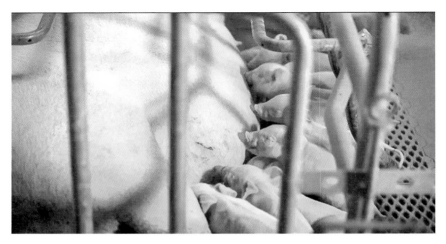

图7-5 扬翔贵港新华猪场

四、对猪低蛋白低豆粕多元化日粮技术的未来展望

低蛋白日粮的配方原则是选择适宜的饲料原料，依据生猪不同生理阶段的营养需求，确定日粮适宜的净能水平和以标准回肠可消化氨基酸为基础的氨基酸平衡模式，同时考虑矿物质、维生素等其他养分平衡，合理使用其他饲料添加剂，以及原料预处理工艺，来配制生猪低蛋白低豆粕多元化日粮。

低蛋白低豆粕多元化日粮是当前精准营养研究与应用的集中体现，也是现代动物营养学发展和现代氨基酸工业发展的必然结果。根据低蛋白质饲粮的特点特性，开发与之匹配的技术措施，深入挖掘其功能潜力，进一步优化完善低蛋白饲粮将是下一步工作的重点。

低蛋白日粮节约蛋白质饲料资源，减少氮排放，降低畜禽对环境的污染，将对生态环保和畜牧业的可持续发展起到积极作用。随着我国畜禽业的不断发展，合成氨基酸的生产成本降低，积极推动低蛋白日粮的研究与推广将更有利于我国畜禽饲料粮食安全的进一步发展，应尽快建立饲料原料营养数据库和最精准氨基酸模型，政产研结合推动低蛋白低豆粕日粮技术快速发展。

案例启示

◆ 应用低蛋白低豆粕日粮需具备三大基础：建立精准的原料评估体系、建立理想的氨基酸模型、应用净能体系设计配方。

◆ 避免氨基酸富余和失衡是低蛋白日粮配比的关键。蛋白质的设计水平应根据猪的生长需要尽可能精准，过高过低都不好。降低粗蛋白含量，做好氨基酸平衡，在当前的形势下具有积极意义。

◆ 解决优质饲料资源短缺和利用效率低的问题既是挑战，也是机遇。使用低蛋白多元化猪日粮技术可以使食品安全、降低环境污染、行业健康可持续发展。重新思考对饲料资源的有效利用及其对人类健康的影响。

第八章

猪液体饲喂案例

2021 年 10 月，中共中央办公厅、国务院办公厅印发了《粮食节约行动方案》，强调要采取综合措施降低粮食损耗浪费。我国的粮食安全、可持续发展，已经提上了重要议程。我国是全球最大的生猪生产和消费国，同时也是一个饲料资源相对缺乏的国家。在生猪养殖中饲料的利用率不高，特别是大量的非常规饲料资源没有得到有效利用，并且近年来饲料原料价格持续上涨，造成生猪养殖成本较高。而液体饲喂可有效利用我国大量的食品及工业加工副产品等非常规饲料，既节省饲料资源，也为健康养殖提供了新的思路。

液体饲喂在生猪养殖中有着悠久的历史，传统的养猪方法就有液体饲喂或半液体饲喂。随着集约化养猪的发展，从饲喂方便和饲料安全的角度出发，养猪场的饲喂方式逐渐转变为以干粉料和颗粒料为主的饲喂模式。为了降低饲养成本，充分利用一些地源性原料，欧洲一些养猪业发达国家从 20 世纪 80 年代开始回归液体饲喂模式，据统计，丹麦和荷兰接近 60% 的养殖场、法国超过 20% 的养殖场开始采用液态料饲喂系统。近年在我国兴起了关于液体饲喂的讨论，一些饲料企业、养猪企业也开始尝试推广和应用，并在实际生产中取得颇为良好的饲喂效果。

一、猪液体饲喂的优势

1. 智能化饲喂，便于猪群精细化管理

液体饲喂系统依靠传感器传递信息，可以准确地将指令传达到各执行端口，通过电脑、手机远程控制智能饲喂系统进行饲喂，使饲喂变得快捷、准确、高效。还能通过计算机或平板电脑等终端灵活地对饲喂曲线、料水比和饲喂次数等进行控制，避免了饲料浪费，并且能够记载、汇总数据，使得后续的数据处理及剖析优化愈加方便。实现定时定量饲喂，下料更加精准，使得猪群的管理更加精细。

2. 改善可利用的营养成分

液体饲料经过充分浸泡使饲料中可溶性营养成分溶于水，饲料微粒吸水膨胀增加了表面积，变得松软，提高了适口性，有利于猪采食和消化吸收，减少饲料浪费，提高饲料转化率，加快猪生长速度。有研究报道表明，在饲喂干料与液体料的对照组试验中，饲喂液体料生长育肥猪的消化利用率可达 9.19% ~ 12.08%，液体料在日增重和料重比方面均显有显著的优势。同时，虽然液体饲喂增加了水和粪尿的排放，但是液体发酵饲料中干物质的消化率提高了，减少向环境中排放氮、磷，在一定程度上减轻了对环境的污染。

3. 有利于促进动物肠道健康

液体饲喂有助于改善动物健康状况，促进其肠道健康，显著改善肠道绒毛和隐窝的吸收功能，降低动物胃肠道疾病发病率及幼龄动物的腹泻率，减少药物的投放。有效地促进了仔猪消化道的生长发育。发酵液体料中的乳酸菌和有机酸对消化和免疫功能均有益处。液体饲料在发酵过程中产生了可抑制肠道沙门氏菌繁殖的乳酸，当饲料中的乳酸菌达到一定浓度时甚至可杀灭沙门氏菌。发酵饲料还可有效控制大肠埃希菌。荷兰的研究表明，饲喂液体发酵料，特别是饲喂发酵的乳清可减少沙门氏菌亚临床感染。此外，低 pH 值环境提高了胃蛋白酶的活性，从而促进了蛋白质的消化。

4. 可实现饲料原料多样化，降低饲料成本

制作液体饲料可以使用非常规的地源性原料、工厂中廉价的副产品或下脚料，既为猪提供了丰富的食谱，明显降低饲料成本，又能协助企业或工厂解决废弃物的处理难题，使液态料更多元化。比如广西地区的食叶草、百香果皮、甘蔗渣和玉米秸秆等；广东地区的红薯藤、橘子皮和糟渣类等；沿海地区的海藻等海洋植物；各种中药加工或中药饮料加工后的废弃物、薯类等，均可作为非常规地源性原料的开发利用。近年来，饲料原料中的大宗原料价格持续上涨，充分利用当地特色的农副产品发展地源性发酵饲料，可以改善畜禽产品质量安全，实现种养结合，提高养殖效益，减少资源、能源的浪费，实现真正意义上的降本增效。

5. 可改善饲养环境，提高动物健康水平

相比干料饲喂，采用液体饲喂方式可有效降低猪舍内粉尘污染、改善猪舍环境，且在一定程度上抑制病菌通过粉尘进行传播，有效地降低了猪群呼吸道疾病的发生率，从而提高了成活率和生猪产量。

6. 适用于各阶段猪群的饲喂

液体饲喂适用于繁殖、保育、育肥等各阶段猪群。在哺乳母猪阶段，液体饲喂可提高母猪的干物质采食量，提高生产性能。在妊娠母猪阶段，因饲料体积大，易产生饱腹感，有助于妊娠母猪保持安静，维持胃的容积，并且可以从根本上减少便秘现象的发生。在保育阶段，液体饲喂能提高日增重和总增重，并且减少饲料浪费，降低耗料量。已有研究表明，使用保育猪智能化液态料饲喂器对于日增重、降低料肉比有着重要作用。在生长育肥阶段，液体饲喂可显著增加猪的采食量、日增重、饲料转化率，缩短出栏时间及优化育肥饲料成本。

7. 可调节饲料温度，饲喂更加灵活

液体饲喂可减少高温天气使猪食欲降低造成的机体营养成分摄入不足、减少热应激的发生。液体系统加热饲料比粉状系统加热更为方便，能灵活地根据环境温度对饲料进行加热，减少较低温度环境下猪采食量下降、减少冷应激的发生。

二、猪液体饲喂存在的问题

1. 液体饲喂设备成本高

液体饲喂系统是一次性投入，需要长期维护的设备，投入费用较高，并且整个设施的运转和维护对人工技术水平要求较高。

2. 管道残留问题

使用液体饲喂器后，如果清洗系统时不能做到彻底清洗干净，或者风干时没有及时烘干处理，管道内会有饲料残留，加上水分较多，容易滋生细菌，甚至产生黄曲霉毒素，给生猪健康带来危害。

3. 管道堵塞问题

在安装液体饲喂器时，没有对猪场进行实地勘测，根据猪场猪舍的规模、面积、布局、跨度、地势落差等进行精准测量，量身定制送料泵，当液体料浓度较高，处于黏稠状态时，可能造成管道堵塞；或气门漏气导致水分流失，引起湿料变干堵塞管道。

4. 液态料成分的不确定性

在液体饲喂过程中，可能会损失发酵液体饲料中游离的糖、维生素和单体氨基酸降解等营养素。大量使用农副产品下脚料的液体饲喂，由于各种营养成分随原料的来源和批次不同而差异较大，可能会带来饲料品质的不稳定性。

5. 液体饲喂系统的卫生问题

液体饲喂系统需要将水和干粉料混合，水的质量至关重要，必须达到相关的卫生质量标准，否则水中的病原微生物容易导致疾病的传播。另外，液体饲喂系统的配料罐和输送管很容易形成生物膜，输送液态料时，能将蛋白质和碳水化合物转化成水和二氧化碳，可引起猪肠道损伤、内出血甚至死亡。

6. 猪舍内湿度增加

虽然液体饲喂技术在饲喂过程中产生的粉尘低于干料饲喂，但是会增加猪舍内的湿度，导致降低了猪呼吸道疾病的同时，增加了腿病发生率。

三、猪液体饲喂的成功案例

河南河顺智能化液体饲喂系统是由河南河顺自动化设备股份有限公司研发团队历时 7 年研制而成，由智能化的生物发酵饲料制作、全价料配制、搅拌、分送饲喂、管道清洗消毒等系统组成，结合物联网、云计算，实现液态料精准饲喂自动控制和信息化管理（见图 8-1），适用于所有规模的猪场，可实现不同生理阶段猪群的液态精准饲喂。其中，河南、四川、重庆、广西等多地的养殖场，都已在生产中推广应用液体饲喂技术。

图 8-1　智能化液体饲喂系统

1. 无残留液态饲喂系统

无残留液态饲喂系统（见图 8-2）可以做到所有容器、管道里的残留饲料完全利用。整个过程的实现是通过料推水、水推料的原理，采用精准的饲喂曲线，满足猪群的采食。系统配备回水罐，每次饲喂结束或在指定的时间段内，管道剩余的饲料会被推回回水罐，以确保管道内清洁。"饲喂厨房"（见图 8-3）主要对饲料进行预处理（包括发酵处理）再根据猪场的饲喂需求进行混合和配制，最终形成液态添加料。

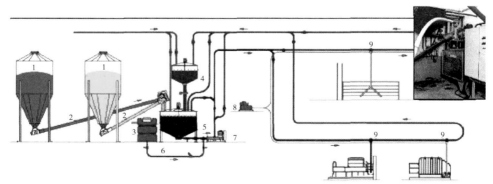

1- 饲料罐；2- 送料绞龙；3- 新鲜水塔；4- 回水罐；5- 混合塔；
6- 电子称重系统；7- 饲喂泵；8- 空压机；9- 饲喂阀

图 8-2　无残留液态饲喂系统示意图

图 8-3　饲喂厨房

饲喂的精准性是液体饲喂的一个重要指标,无残留液态饲喂系统的信息化控制系统、变频饲喂泵及合理布局的管路系统是实现精准饲喂的硬件保障(见图 8-4 至图 8-6)。信息化控制系统可使用电脑、手机等终端通过网络进行远程管理,实现完全自动化控制。变频饲喂泵可灵活调控饲料在不同位点时在管道内的输送速度,以保证送料及下料的精准性,从而减小误差。合理的管路布局,可保障猪群采食的营养均衡和生长速度。

图 8-4　信息化控制系统　　　　　图 8-5　变频饲喂泵

图 8-6　饲喂液态料管路布局

2. 整场优化解决方案

河顺猪场采用全自动液态料饲喂系统，配备称重系统，可以记录猪每天、每栏、每单元采食量，建立猪群采食曲线。对于采食量过低的猪群，饲喂软件可以根据预先设定好的饲喂曲线，自动调整饲喂量，使得猪场的饲喂管理更加精细。

环控系统采用"高负压玻璃钢风机＋直连驱动的永磁电机＋特定立体空间结构的水帘"（见图8-7）。高负压玻璃钢风机具有耐腐蚀、高能效、低风阻、低噪音的特点，为猪群的健康生长提供良好的环境；直连驱动的永磁电机结构简单，与传统电机相比，去除了传统的齿轮，降低了驱动系统的噪声和重量，增加了系统的可靠性，从一定程度上减少了维修费用，方便日后的维护；特定立体空间结构的水帘，具有优良的渗透吸水性，可以保证水均匀淋透整个湿帘墙。

图8-7　高负压玻璃钢风机＋直连驱动的永磁电机＋特定立体空间结构的水帘

为优化猪舍环境，减少氨气产生，降低呼吸道疾病的发生，河顺猪场采用全自动清粪系统（见图8-8）。此系统是在猪舍基础土建中修建粪道，通过与粪道相配合的清粪板，将粪便刮出猪舍，再通过集粪刮板，集粪绞龙，将粪便输送到清粪车或集粪池中，从而实现猪舍内清理出来的粪便可直接堆肥，减少污水处理环节，进而节约污水处理的成本。为了确保料槽能够长期使用，河顺猪场选用不锈钢料槽，以解决料槽长期接触液态料而生锈的问题（见图8-9）。

图 8-8 全自动清粪系统

图 8-9 不锈钢料槽

3. 液体饲喂应用场景

液体饲喂适用于不同阶段的猪群，用于妊娠和分娩母猪的饲养，可提高此阶段母猪的采食量，更利于胎儿的生长发育；用于早期断奶仔猪的饲养，可减轻仔猪断奶后由吃母乳突然转变为吃干饲料产生的应激反应和自身消化酶系统及生理环境的不适，充分激发仔猪的生长潜力，且有利于仔猪的消化和吸收，进而提高其采食量；用于育肥猪的饲养，可通过计算机控制，自动获得准确的采食量和生长曲线，有利于对猪群进行及时调整和管理（见图 8-10 至图 8-12）。采用自由采食的饲喂模式，在促进猪生长的同时可提高猪肉的柔嫩度。

图 8-10　液体饲喂妊娠母猪和分娩母猪

图 8-11　液体饲喂断奶仔猪

图 8-12　液体饲喂育肥猪

四、对猪液体饲喂技术的未来展望

随着"全面禁抗＋低蛋白日粮"时代的到来，未来养猪业会朝着生产生态猪肉的方向发展，而液体饲喂多使用液态发酵产品，对生产无抗生态猪肉具有天然优势。或许会成为未来的发展趋势。养猪业已经从量的满足转向质的追求，要充分考虑安全、效率、环境与效益的平衡，液体饲喂正是满足转型需求的合理模式。

首先，推广应用液体饲喂技术，构建中国特色液体饲喂系统。不断完善液体饲喂设备和发酵技术，从我国实际出发，立足本土特色，因地制宜，取长补短。例如通过集成、组装等手段研制出适合我国不同地区、气候、环境下的配套设备，研制出符合我国不同地域要求的养殖液体饲喂设备和现代化生态养殖模式等。在畜牧业集约化、标准化、规模化的发展中，实现安全、高效的动物生产。

其次，减少碳排放，实现绿色发展，实现"种养循环一体化"的生态循环养殖模式。充分利用区域内非常规地源性饲料原料，一方面，实现了种养资源循环，为农村经济发展节约大量成本；另一方面，非常规地源性原料可实现饲料原料多元化，满足动物的营养需求。在践行绿色发展理念的同时，还能打造资源节约、环境友好、质量安全的农产品生产环境。

最后，减少劳动力成本，提高生产效率，构建"产业＋互联网"模式。液体饲喂技术只是实现智能化养猪的其中一个环节，通过猪场设备智能化管理，能够实现对前端饲料原料的来源、中端猪健康状况、养殖环境和末端产品输出的全程追溯，对猪场进行安全防控和精细化管理，以保证从安全生产到安全食用的全过程。通过猪场数据收集自动化，能够有效减少人工输入数据的错误率，大幅提高数据的及时性和准确性。

2018年7月2日，我国农业农村部印发《农业绿色发展技术导则（2018—2030年）》，明确指出要践行绿色发展理念的同时，也要坚持问题导向、研发绿色生产技术。液体饲喂技术在养猪业中有着诸多优势，不仅能充分利用区域内非常规地源性饲料原料，为猪提供多元化的饲料和提高生产效率，还能实现局部区域内的"种养循环一体化"，以减轻处理这类非常规地源性饲料的环境压力。在液体饲料原料产地的附近合理布局养殖场，融合动物营养、微生物、发酵工艺、设备设施、饲养管理等多学科交叉，从实践中不断探索完善，打造中国特色的液体饲喂体系。在满足饲料原料多元化选择和构建多元化养殖模式的同时，促进动物生产由安全生产向高质量生产迈进。

案例启示

◆ 液体饲喂可实现"种养循环一体化"，能有效地将地源性饲料资源就地转化利用，打造"发酵＋液体饲喂"的全新饲喂模式，构建利农、利民的生态循环养殖模式，推动农业可持续发展战略。

◆ 液体饲喂能够让猪回归采食本性，符合动物的消化生理，提高饲料养分消化率，为安全、高效、可持续发展的养殖业提供新的方向。

◆ 要用辩证的思维、发展的眼光看待液体饲喂技术，取其精华，去其糟粕，因地制宜地应用液体饲喂技术，将安全、高效、高质量的技术运用到动物生产中；将绿色、安全、健康的优质动物性食品提供给大众。

第九章

广西优质黄羽肉鸡案例

广西地理位置优越、物产丰富，是我国水、土、热等资源配合较好的地区之一，也是我国物种资源密集度和富集度较高的地区之一。广西丰富的鸡种资源，是广西家禽业发展的基础和潜力所在。改革开放以后，广西家禽业步入发展阶段。

广西是全国黄羽肉鸡和鸡苗生产的重要基地，广西黄羽肉鸡肉质细嫩，风味浓郁，饲养历史悠久。近20年来广西黄羽肉鸡的生产得到迅速发展，其产业化、标准化、规模化和特色林下养殖模式发展迅速（见图9-1），无论是在数量上还是在质量上都取得了显著的社会效益和经济效益。培育养殖大户、加强宣传培训、创建以市场为主导的推进机制和发挥资源优势是其主要做法。而今，区域性集约化生产已形成优势产业，龙头企业带动产业稳步发展，祖代种鸡场逐步形成，肉鸡与蛋产品加工初具雏形。

图 9-1　林下养殖中国古典鸡

一、广西优质黄羽肉鸡的品种

（一）古典鸡、三黄鸡

1. 风味、优势

广西黄羽肉鸡的种质特色鲜明，其肉质细嫩，风味浓郁，它的形成与当地气候环境、人群饮食习惯相关。广西玉林家禽养殖量占广西总养殖量的四分之一，并且有增长趋势。玉林鸡源丰富，品质优良，市场份额大。据考证，玉林

人养鸡已有 2000 多年历史，甚至有专家考究发现玉林是鸡的发源地之一，当地鸡肉营养价值高，味道鲜美，为餐桌上常见的佳肴，其中，水蒸鸡是古典鸡最普遍的吃法（见图 9-2）。

图 9-2　水蒸鸡

广西玉林三黄鸡是本地优质纯种土鸡，具有黄毛、黄嘴、黄脚、短身、矮脚、骨细的特征，具有口感好、肉味浓香、鲜味佳、风味好、营养价值高等优点，三黄鸡外形小巧玲珑，具备传统饮食文化的特色（见图 9-3），深受我国南方及港澳台地区人们的青睐。三黄鸡生长慢，项鸡成熟出栏时间在 120 天左右，料重比稍高，一般为 3.8 ∶ 1 左右。

图 9-3　玉林三黄鸡

2. 饲养管理

在黄羽肉鸡的育种过程中，控料是一个非常重要的环节，它可以减少母鸡脂肪的沉积，为母鸡生产期能取得好成绩打下基础。在控料前应计算好鸡群的体重增长曲线，控料期要使鸡群增重回归体重增长曲线，则可根据此制定控料方案，减少控料的盲目性，为掌握该育种群所需的合理控料规律提供支持。

此外，不同营养水平的饲料对鸡的生产性能也有影响。宁承东等人发现，广西玉林三黄鸡 0～5 周龄适宜的代谢能和粗蛋白水平分别为 12.13 MJ/kg 和 21%，6～8 周龄分别为 12.13 MJ/kg 和 18%，12 周龄至出栏分别为 13.39 MJ/kg 和 15% 接近，效益也达到最佳水平。鸡冠长与高的比值与鸡在日龄 148～177 天的产蛋数量之间具有相关性，两个性状的负相关关系是可信的。

广西黄羽肉鸡作为本地优质土鸡，在一代代人不断对该品种进行改良，不断对其饲养方式进行研究更新的努力下，广西优质黄羽肉鸡产业才得以不断进步、茁壮成长。

3. 存在问题

（1）品种选育相对滞后。育种技术落后和育种人员缺乏，使得广西黄羽肉鸡品种选育工作明显跟不上产业快速发展需要，乱交乱配现象严重影响了黄羽肉鸡产业发展。由于鸡苗价格便宜，生产成本相对较低，速生型肉鸡与蛋鸡杂交而成的杂种鸡充斥市场，冲击着常规繁育体系下的黄羽肉鸡市场。

（2）产品加工业有待加强。黄羽肉鸡产业链中，增值能力最高、带动能力更强的是加工环节。近年来，虽然肉鸡产品数量大幅增加，但是受消费者习惯、资金短缺等影响，广西黄羽肉鸡加工业发展较为落后。仍以玉林市为例，其畜禽产品加工业产值(不含本地销售的屠宰加工)只占初级产品产值的 2.8%，特别是肉鸡加工率仅有 0.15%，严重滞后于产业链中的其他环节。据调查，兴业县有养鸡场出售的产品基本全是活鸡，深加工、精细加工产品数量极少。

（3）资金需求缺口大、贷款难。肉鸡生产投资大、周期长、投资回报率低，没有足够的资金投入很难保证长期高效地运转和产生应有的经济效益。加上养殖行业风险较大，除疫病风险外，还要考虑市场风险；金融部门的贷款难度较大，使想通过贷款扩大规模、提升企业素质的养殖场难以实现资金运转，对肉鸡产业发展形成制约。

（4）市场开拓能力有待提高。几十年的发展，使得广西黄羽肉鸡产业在全国市场小有名气，市场范围不断向北推进。然而，广西黄羽肉鸡龙头企业存在市场营销和市场开发能力仍然不强，企业缺乏高素质的专业营销团队，各企业营销任务多由技术服务人员兼任，造成企业营销意识不强，缺乏整体营销策略，市场开拓无力，现有市场不稳定等问题。同时，广西黄羽肉鸡产业的市场开发多为个体企业的自发行为，无法形成广西黄羽肉鸡产业的集合优势。此外，无序竞争的现象还时有发生，严重削弱了广西黄羽肉鸡产业的整体开拓力。

（5）养殖用地困难。养殖用地困难制约了养殖行业的快速发展。各地应认真执行《中华人民共和国畜牧法》，养殖棚舍、饲料加工、种禽场等应享受

农用地优惠政策，免征"耕地占用税"及免除罚款；各县畜牧部门依照《中华人民共和国畜牧法》规划好养殖小区，以确保现有的养殖场为农用地；养殖企业征地办好手续动工时，遭受农民阻挠，各地政法部门应出面公平处理确保项目建设。

（6）设备及用电。养殖机械设备（饲料加工机械，育苗机械，猪、鸡养殖栏床，抽水、抽风等动力机械，发电机等）应像山东、福建、浙江、河南等省一样执行国家农机补贴政策，稳定发展养殖业。在养殖用电方面，建议个别地方按有关政策文件对养殖企业执行农用电价调控。

（7）"公司＋农户"模式面临崩溃危险。"公司＋农户"模式本是玉林养殖业推行的一种带动农民养殖致富的模式，但近年来不断出现被养殖户盗卖肉猪、肉鸡、饲料等不法行为，而且愈演愈烈。因此各级政府应尽快介入、协调政法部门出台相关办法为养殖公司保驾护航，加以改革、提高、保护，再予以推广，促进发展。

（8）缺乏良种补贴。规模养殖的蛋鸡场、种鸡场、肉鸡场缺乏像扶持养猪业一样的良种补贴，以带动农民养殖致富。

（9）疫苗管理。现在全区统一采购制度不适应生产实际需要，使用的疫苗效果不理想，为养殖场防治重大疾病带来困难。

（二）南丹瑶鸡

1. 风味、优势

瑶鸡在远古时代作为野鸡生活在南丹的深山老林中，随着人们的驯化繁殖，慢慢发展成了瑶鸡这一品种。其中，南丹瑶鸡是南丹农民长期自繁自养、闭锁繁育而形成的优良的地方品种。

南丹瑶鸡是典型的瘦肉型鸡种，也是广西四大名鸡之一，1985年已被列入《广西家畜家禽品种志》，具有体型紧凑、毛色绚丽、耐粗饲、觅食力强、产蛋较大、适应性广、抗病能力强的特点（见图9-4）。其肉质脆嫩、肉味鲜美清甜、营养丰富、皮下脂肪少，鸡皮中含有丰富的胶原蛋白，能够被人体迅速吸收和利用，是煲汤的不二选择，为大众消费者所喜爱。

瑶鸡肉细味鲜，富含人体所需的多种氨基酸，营养价值丰富，干肌肉中氨基酸含量高达84.88%，鲜肌肉中精蛋白质水平达到24.4%，有着极高的食疗保健和滋补作用。2004年，南丹县瑶鸡饲养量已达605.23万羽，出栏452.73万羽。南丹瑶鸡以其出色的口感，不仅畅销桂西北地区，且远销广东、贵州、四川、重庆、云南等省（直辖市），前景可观。

图 9-4　南丹瑶鸡

南丹瑶鸡单冠直立，冠齿 6～8 个；喙黑色或石板青色，脸、冠、肉垂均为红色，耳叶红色或蓝绿色；皮肤颜色多为白色，少数为黑色；按体重大小分为大型和小型，以小型白皮瑶鸡为代表。公鸡羽色以金黄色、棕红色为主，黄黑色次之；母鸡羽色有麻黑色、麻黄色 2 种。胫细长，胫、脚趾为石板青色，脚趾发育较早，约有 40% 具有胫羽，少数有趾羽；体躯呈梭形，胸骨突出（见图 9-5）。

图 9-5　南丹瑶鸡

为挖掘地方品种资源优势，多渠道增加农民收入，1999 年南丹县全面实施"百万瑶鸡"工程，全力打造瑶鸡品牌，南丹瑶鸡养殖业迅速成为全县农村产业发展的新亮点，养殖效益节节攀升，许多农民靠发展南丹瑶鸡养殖走向了富裕之路。

2. 饲养管理

（1）养殖环境。南丹瑶鸡一般在房前屋后、林中溪边自然放养或以随耕放养为主，养殖场地选择以地势高、避风向阳、环境安静、饮水方便、无污染的山区，以利于雨后快速干燥，控制病菌的繁殖。同时保证鸡群冬季可以晒到太阳，强身健体；夏季有荫凉遮阳的地方，防止中暑。

放牧场地可以设沙坑，让鸡进行沙浴，还可以搭建草棚或者塑料大棚，以利于南丹瑶鸡避雨、遮阳、防寒等。同时能够让南丹瑶鸡随处采食杂草和昆虫，排出的粪便成为林地的有效肥料。

（2）饲喂管理。南丹瑶鸡散养于山坡上，山坡上植物茂盛，南丹瑶鸡在林间终日嬉戏觅食。食料来源主要是各类昆虫、野生植物的种子、野菜、嫩草以及部分玉米等，一般仅晚归后配合饲料进行补喂。有研究发现，放养的南丹瑶鸡相对于笼养鸡和平养鸡有着更高的免疫力和更好的肝功能，蛋壳强度及结构致密性亦显著高于室内笼养组和平养组。因此，散养对于南丹瑶鸡是非常适合的养殖方式。

（3）日常管理。养殖户要定期清理鸡舍周边的杂草，以提高日通气量，增强养鸡棚的通风换气。为了防止瑶鸡走失或黄鼠狼等天敌为害，可以在养鸡场设置围栏。在放牧场所挖一些沙坑，以便瑶鸡进行沙浴，可以锻炼瑶鸡体质，又便于采食更多的矿物质。夏季还可以通过沙坑传导散热、降低机体体温，避免热应激带来的危害。

（4）消毒、灭鼠及疾病预防。一般情况下，散养瑶鸡的抗病力强、发病少，但因其饲养期长，加之放牧于野外，接触病原体机会多，养殖户要严格做好卫生、消毒和防疫工作，夏季避免瑶鸡中暑。坚持每天对鸡舍地面进行清扫和消毒，每周带鸡消毒2次，每月对鸡舍周围环境进行彻底清扫和消毒；定期灭鼠，防止鼠害；同时做好灭虫工作，防止蚊蝇、蟑螂等有害昆虫的滋生。另外制订科学的免疫程序，防治肉鸡发生新城疫、鸡肾型传支和传染性法氏囊炎等传染性疾病。

（5）产蛋周期。王娟等发现，南丹瑶鸡作为广西地方鸡品种，具有较好的蛋品质，且在不同产蛋期的蛋品质具有一定的变化规律，即蛋重随着产蛋周龄的增加而增大；蛋形指数和蛋黄比率随着产蛋周龄的增加呈上升趋势；蛋壳强度和蛋壳厚度则在整个产蛋周期内无明显的变化规律，蛋壳比率随着产蛋周龄的增加呈下降趋势；哈氏单位在产蛋前期和产蛋中期无明显变化，在产蛋末期（60周龄）急剧下降；蛋黄颜色在产蛋初期颜色最深，随着产蛋周龄的增加呈下降趋势，在产蛋末期（56周龄）急剧下降。瑶鸡的产蛋规律可为蛋鸡的育种工作提供支持，并为消费者选择鸡蛋提供参考。

3. 存在问题

（1）产业、资金问题。南丹县瑶鸡养殖农户和养殖小区起步晚，资金投入少，且目前饲料原料及兽药价钱的上涨又加大了养鸡投资及风险。一方面，尽管每只鸡的利润可达 7 元左右，但由于缺乏资金周转，养殖户养鸡的积极性不高。另一方面，对于小企业和个体户而言，资金限制了设备和技术的升级，使得他们的产品和产业相对于大企业缺乏竞争力，因此大企业越做越大，小企业和个体户则很难做大。

此外，南丹县规模养殖场和养殖户主要为自产自销，没有形成产业利益共同体，使产业难以应对市场风险。受市场的制约，企业与养殖户仍然停留在自由式的买卖关系上，"公司 + 农户"的产业化模式难以搭建，产业档次仍然处于初级阶段。

（2）品质问题。南丹瑶鸡是经过长期自然选择而形成的地方家禽珍品，虽然取得了一定成效，但是由于其产业定位不清，主导方向不明，养殖技术含量不高，产业升级力度不够，农村传统的散养散放模式没有从根本上得到改变，养殖规模小，技术比较粗糙，因此南丹瑶鸡个体品质无法得到保障，品种质量参差不齐，市场竞争能力较弱，难以适应日益提高的消费需求。

（3）品种问题。2002 至 2005 年，南丹县参与了南丹瑶鸡选种选育子项目的技术研究工作，建立了南丹瑶鸡选种选育示范场，在广西大学动物科学技术学院的技术支持下，经过 4 年的科学选种育种，南丹瑶鸡在毛色、个体大小及生产性能等各方面均有较大提高。

但是由于南丹瑶鸡自身的品种特点，须饲养至 120 日龄以上才达到其优良的肉质品质要求，因此养殖周期相对较长，饲养成本相对较高，利润空间较窄，缺乏价格竞争优势，难以与广西区内的三黄鸡、霞烟鸡等优质品种争夺高档消费市场，从而导致其开拓市场动力不足，产业链条较短。

（三）灵山麻鸡

1. 风味、优势

广西灵山麻鸡是我国著名地方鸡品种，又名灵山香鸡，主要分布在广西灵山县、浦北县等地区，属于兼用型地方品种，具有耐粗饲、善飞翔、觅食能力强等优点。但其体型较小、生长较慢、产蛋较少、饲料转化率偏低，是今后育种选育需要解决的问题。

从外貌上看，麻鸡具有"一麻、两细、三短"的特征，"一麻"是指母鸡体羽以棕黄麻羽为主；"两细"是指头细、胫细；"三短"是指颈短、体躯短、胫短，不同地区麻鸡的外貌也有些许差异。2004 年广东天农食品有限公司从广西灵山县境内引进性能优异的原种广西灵山麻鸡，经过 8 个世代的闭锁繁育，

育成的广西麻鸡具有早熟、黄胫、麻黄、换羽整齐度好且繁殖性能高等特点（见图9-6）。

图9-6　广西麻鸡

此外，广西麻鸡的第一限制性氨基酸为蛋氨酸、胱氨酸；鸡肉的不饱和脂肪酸主要由油酸和亚油酸组成，饱和脂肪酸主要由棕榈酸和硬脂酸组成；腿肌多为不饱和脂肪酸和必需脂肪酸，相对含量均比胸肌高，母鸡较公鸡高。因此，广西麻鸡具备优质地方肉鸡的良好产肉性能，风味佳，营养价值高，可以制成白切鸡、盐焗鸡，其肉质细嫩、气味香浓，深受广大人民喜爱。

白斩鸡又叫白切鸡、三黄油鸡，是一道在南方菜系中普遍存在的经典粤菜，其形状美观，色泽金黄，肥嫩鲜美，滋味异常鲜美，十分可口，久吃不腻（见图9-7）。

图9-7　白切鸡

盐焗鸡属于客家菜，流行于广东深圳、梅州、惠州、河源等地，是享誉国内外的经典菜式，其味道咸香，口感鲜嫩（见图9-8）。

图 9-8　盐焗鸡

2. 饲养管理

（1）日粮搭配。广西麻鸡的日粮不能一味地追求高能量、高蛋白和生长速度快，要适合广西麻鸡这一地方特色肉鸡品种的要求。饲养时以自行觅食为主，人工补饲为辅，让广西麻鸡有充分的觅食空间，既满足了其营养需求，也保证了鸡肉品质和风味。

广西麻鸡的不同阶段所需日粮有所差别。育雏期间可选用普通麻鸡全价颗粒料进行开食，用破碎料直接饲喂；在麻鸡日龄和体重的增加过程中（见图9-9），可选用中鸡颗粒饲料，不能一次性换料，要做好饲料过渡，减轻换料带来的应激。此外，适当添加 5% ～ 10% 的谷物和部分青绿饲料对增强肉鸡体质和鸡肉风味有益处。

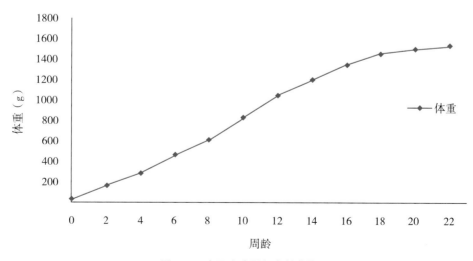

图 9-9　广西麻鸡累积生长曲线

散养期间在日粮中可以增加谷物、杂粮和青绿饲料的用量，既能降低饲养成本，又能增强广西麻鸡体质，保持优良风味特质。若只饲喂全价颗粒饲料，饲养的成本就会上升，养殖效益就会下降，麻鸡也会积累过多的脂肪，导致风味下降，失去麻鸡的特有风味。同时，青绿饲料还能提供部分维生素，并改善麻鸡肠道内环境，提高健康水平。

（2）环境条件。0～7日龄广西麻鸡的饲养温度以32～35 ℃室温为最佳，8～21日龄最适室温为24～31 ℃，28日龄最适室温为20～23 ℃；鸡舍内的相对湿度保持在55%～65%即可，10日龄之前相对湿度保持在60%～65%，10日龄以后相对湿度为55%～60%。同时做好通风换气工作，保持鸡舍内空气的畅通和新鲜。

（3）补充光照。5日龄前的雏鸡，每天可保持光照23 h，5日龄后光照保持在17 h左右即可。

（4）适时饮水和开食。小鸡要做到尽早地饮水和开食，在饮水2～3 h以后就可开食。可根据小鸡的采食状况，每天不定时添料6～8次。需要注意的是，要保证料不缺、水不断，使小鸡自由饮水、自由采食。

3. 存在问题

（1）养殖水平不统一。部分养殖场存在养殖场地老化和养殖密度增加的现象，导致放养方式、饲养周期比较长等问题突出，禽类疾病如禽巴氏杆菌病、鸡盲肠肝炎、鸡马立克氏病等多发和反复，不仅加大了药物成本，具有产品质量安全隐患，还对土壤和植被产生影响。近年来开始出现圈养和笼养优质鸡的新方式，解决了规模放养影响土壤和植被的问题，同时也有利于防疫，减少疾病传播，方便饲养管理。

（2）品种整齐度有待提高。由于中小企业及个体户缺乏足够的资金和设备，广西麻鸡品种整齐度参差不齐，有待提高。

灵山县兴牧牧业有限公司采用"家系等量随机选配法"，用人工控制各家系繁殖平衡，使保种群原有的遗传特性和生产性能保持相对稳定，在保证了育雏期（0～16周龄）、育成期（17～24周龄）高存活率的基础上，外貌特征一致性达85%，个体均匀度达96%，经济效益和社会效益显著。

（3）资金问题。由于科研经费缺乏，一些相关研究难以持续和深入。此外，受禽流感的影响，肉禽价格长期下跌，肉禽市场萧条，养鸡业长期亏本，导致企业周转资金不足，从而影响规模养鸡场的进一步发展。

二、对广西优质黄羽肉鸡的未来展望

1. 统一品种、体重

改革开放以来，广西优质鸡产业取得了长足发展，特别是近10年实现了快速增长，对改善人民的膳食结构做出了重要贡献。

广西优质鸡选育工作始于20世纪80年代。1983年，广西大学动物科学技术学院家禽研究室组建一个育种小组，开展本地鸡种杂交利用研究，以霞烟鸡和红布罗等鸡种为素材，培育出更有市场前景的广西新黄羽肉鸡。近10年来，广西畜牧研究所、广西大学动物科学技术学院等单位采用品系配套现代育种手段，引入矮小基因和隐性白基因，对地方鸡种进行系列选育研究，先后育成了凤翔麻鸡、良凤花鸡、富凤鸡、金陵鸡、凉亭鸡、灵山彩凤鸡等10多个地方鸡种配套系，成为广西优质鸡的主流品种。

广西优质鸡产业将以加强祖代种鸡场的建设及国家级配套系的申报、继续发展扩大肉鸡与蛋产品加工、进一步研究开发有潜力的广西优质鸡品种资源为持续性发展对策。同时，建立广西黄羽肉鸡繁育体系，在尽早建立广西黄羽肉鸡繁育体系，从本质上提高广西黄羽肉鸡的竞争力，做好种质资源的保护、开发和利用的同时，吸纳高素质的育种人才，努力提高品系选育水平，选育具有特色（如肉质优良、抗病能力强）的品系，努力缩小品种个体之间的差异，让即使是家庭养鸡个体户也能养出合格的甚至是优良的品种鸡。

2. 改良饲养模式

笼养、立体式养殖代替散养。广西黄羽鸡大都以散养为主，散养鸡肉质好，健康程度高，但散养饲料浪费率高，且存在缺乏对环境卫生的重视、散养鸡选址不合理、药物的滥用及消杀处理不到位、养殖水平低、病鸡的检疫不够科学等问题。因此，大部分企业开始用笼养代替散养。但笼养系统仍存在很多的缺点，如空间狭小，缺少垫料和产蛋箱，使鸡骨骼变脆、行为刻板、缺少自然行为的表达空间等。

广西和丰禽业有限公司采用栖架式舍饲散养模式（见图9-10），与传统笼养相比，栖架散养蛋鸡的趴卧平均频次、趴卧持续时间、行走持续时间、舒展平均频次与舒展持续时间分别显著增加（见图9-11）。该模式既可以满足鸡的动物福利，又具有较好的生产性能，提供了较高的经济效益，值得养鸡行业推广学习。

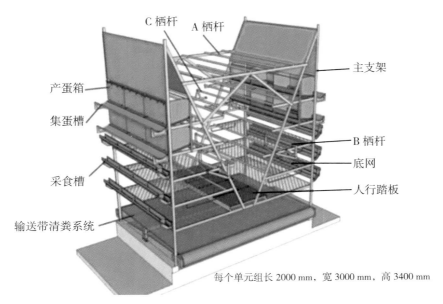

图 9-10 栖架示意图

C 栖杆 A 栖杆

主支架

产蛋箱

集蛋槽

B 栖杆

底网

采食槽

人行踏板

输送带清粪系统

每个单元组长 2000 mm，宽 3000 mm，高 3400 mm

图 9-11 鸡在栖架上

3. 全程无抗

随着畜禽养殖规模的增大，养殖业发展速度持续加快，部分养殖户为了减少畜禽疾病的发生，在日粮中加入抗生素，造成动物耐药性增加，动物产品的兽药残留问题越发严重，对畜牧业的健康发展和人类食品安全造成负面影响。

"全程无抗"的概念应运而生。和传统饲料相比，无抗饲料不含任何抗生素，可配合畜禽基础日粮进行饲喂，既可改善畜禽产品品质，又可避免动物出现耐药性及药物残留的问题，保证畜禽产品的使用安全，可广泛应用和推广。无抗饲料在生产中应保持生产原料不受任何病菌的污染，同时还需保证饲料中营养元素的充足性，为动物身体免疫力的提升提供有效助力。

4. 打造本土品牌

广西优质鸡生产已初具规模，在市场消费的推动下，广西优质鸡生产规模由小到大，由农户养殖到企业经营，发展迅猛。目前，广西的优质肉鸡品牌有广西巨东种养集团有限公司、广西参皇养殖集团有限公司、广西春茂农牧集团有限公司、广西凉亭禽业集团有限公司等多个产业化龙头企业，我们需要更多这样的品牌，使广西优质黄羽肉鸡企业走出广西，走向全国。

近年来广西注重发展优质黄羽肉鸡优势产业，广泛推广"公司＋农户"的产业化经营模式，先后涌现一大批产业化养鸡龙头企业，养鸡业发展迅速，取得了良好的经济效益。

在政府部门、公司和农户的共同努力下，广西优质黄羽肉鸡产业得到了极大发展。在新型冠状病毒感染疫情和金融危机的双重影响下，优质黄羽肉鸡产业仍不断前进，相信黄羽肉鸡产业必将不断发展壮大，为人类健康和提高人类生活水平做出更大的贡献。

案例启示

◆ 正是在劳动人民的勤劳与智慧之下，广西优质黄羽肉鸡产业才得以迅速发展，茁壮成长。广西优质黄羽肉鸡的案例告诉我们，首先，要有开拓创新的思维，具有自己的特色，产品才能脱颖而出。黄羽肉鸡正是由于其特有的风味和口感，才得以走出玉林、走出广西，走向其他省市。其次，要将书本上的东西落实到现实中，理论结合实际，不仅要敢想，还要敢做，黄羽肉鸡产业无论是政府的政策扶持，还是银行等金融机构的贷款倾斜，抑或是"公司＋农户"的产业化经营模式，每一个环节都缺一不可。最后，要具体问题具体分析，对于不同的鸡种，以及同一个鸡种的不同生长阶段，其饲料配方、饲养环境等都有很大区别，需要按照不同的方法去饲养。

第十章

高端蛋品案例

禽蛋是人类最好的营养来源之一。我国市场对禽蛋的需求极大，从1985年开始，我国禽蛋总产量连续25年位居世界第一，我国作为全球最大的鸡蛋生产和消费国，市场规模高达3000亿元。然而相对于欧美农业发达国家，我国的禽蛋市场却呈现"大市场小规模"的尴尬局面。所谓"小规模"，即是行业整体养殖规模比较分散，集中化程度远远低于欧美国家。同时，品牌化不足、缺乏标准规范，也给我国的禽蛋市场带来更多挑战。后疫情时代，再加上消费升级的大背景，我国国民不仅有更加强烈的食品安全意识，也更加看重如何吃得营养，因此对高端蛋品的需求越来越大。高端蛋品即特色禽蛋，一般指天然农场或其他大自然环境中以天然谷物饲养的特种禽类所产的蛋品或以专业技术培养的具备特殊功效的蛋品。特色禽蛋生产全过程天然无污染，不添加激素、农药及各种重金属物质，不仅营养价值高，而且口感极佳，味道更好。

一、高端蛋品的发展趋势

在大健康战略背景下，我国农业也将进入新的发展时期，继高产农业、绿色农业之后，功能农业被认为是农业的第三个发展阶段，农产品的市场结构和消费需求将发生重大变化。功能农产品让农产品中的营养物质从"富含"变为"定向含有"，被认为是未来高端食品的发展方向。随着我国人民生活水平的不断提高和农产品准入制度的实行，家禽生产标准化、清洁化问题日渐凸显。一方面，人们为了身体健康，减少"病从口入"，崇尚绿色、天然食品，生产安全、优质的鸡蛋乃大势所趋；另一方面，欧美日等经济体早就认为无公害农产品是农产品进入市场的最低门槛。生产安全、优质畜禽产品和减少畜牧业对环境的污染引起世界各国的重视。在我国，北京、上海已在全国率先实行了食用农产品质量安全市场准入制度。绿色养殖、有机畜牧业就是在这种情况下，作为现代畜牧业应运而生。

二、高端蛋品的优势

1. 标准化生产保障高品质

运用现代化的设施、设备，通过实现鸡苗的"五同"（同一育场、同一品种、同一批次、同一日龄、同一抗体）、自动化孵化及自然生长规律，并使用根据产蛋前期、产蛋中期和产蛋高峰期研发出的不同的绿色生态饲料配方，进行标准化的蛋鸡养殖。

2. 满足消费者需求，认可度高

随着我国居民消费结构的改变，新生代消费者观念日新月异，人们更加追求创新，对高品质、便利性强的产品接受能力非常强，应打造可生食鸡蛋标准，做到更安全（不含沙门氏菌）、更好吃（无蛋腥味）、更营养（蛋黄颜色天然金黄），孕妇、儿童食用更放心的高端品质，以满足消费者需求。同时消费者也会对高端蛋品会有较强的依赖性，复购率、认可度都会比较高。同时高端市场更多是做价值，遵循长期主义，也是一种认可，消费者会乐于分享。

3. 身份证号追根溯源

与传统的鸡蛋不同，每一枚高端鸡蛋上都印有一连串编码，称为"鸡蛋的身份证号"。通过这些特别编译的号码，就可以追溯到这枚鸡蛋产自哪一栋鸡舍，由谁饲养的，温度湿度是多少，什么时间生出来的，母鸡都吃了哪些东西，母鸡生长周期是多少，蛋鸡原料来自哪里等信息详情，甚至可以追溯到这枚鸡蛋"妈妈的妈妈"的出生信息，最大程度地保证了蛋品的安全与可监控性。一旦产品质量出现问题或者不稳定，技术人员就可以通过鸡蛋的编码追根溯源找到影响因素，从而及时进行防控与改进。

4. 饲养管理科学

中药说，三分治，七分养；养鸡说，三分养，七分管。高端蛋品需要使用营养全价且质量好的原料，根据品种、日龄和季节不断调整配方，合理搭配天然绿色饲料添加剂，以实现降本增效。无抗、无激素是鸡蛋进入市场的基本要求。"减抗禁抗"后，饲料中添加天然动植物提取物、微生态制剂等保健品来替代抗生素，可保障生产性能改善鸡蛋口感以及调理体质等。

5. 发展新的产业链模式

打造"公司＋园区＋农户"和"品牌＋规模＋标准"的模式，既解决了农户的资金问题，又保证了产品的高品质。鸡蛋的生产涉及粮食原料种植与选购、饲料加工、鸡苗繁育、蛋鸡养殖、蛋品分级分选、市场销售，环环相扣，全程标准化可控。生产真正的高品质鸡蛋，是一个全体系的问题，要把每个关键节点数据化、可视化。

三、打造高端蛋品存在的问题

1. 目前我国鸡蛋标准分类不明确

目前鸡蛋可分为普通鸡蛋、无公害鸡蛋、绿色鸡蛋和有机鸡蛋，但除普通鸡蛋的技术要求、实验方法、产品检验等依照《GB 2749—2015 食品安全国家标准蛋与蛋制品》的标准统一执行外，其他则并无国家或行业标准要求。

2. 蛋品质标准有待完善

品牌鸡蛋销售主要以品质取胜，因此应对蛋品质有严格而明确的要求。根据生产水平对蛋品质的影响及消费者对蛋品质的关注点，蛋品质标准中除已有指标外，还必须增加衡量指标，尤其是确切的数值标准。蛋品质的衡量标准中，蛋壳是否清洁，有无破损、裂纹，蛋壳颜色等指标以感官衡量；蛋重、蛋形指数、蛋白高度、哈夫单位、蛋黄颜色、蛋黄比例、蛋壳强度、蛋壳微生物种类及数量、气室大小、血斑肉斑率等营养价值指标则需要规定具体数值，以规定的实验方法定量或定性方法测定，此外，还必须制定蛋品保质期等规范，以期完善市场标准。

四、高端蛋品的成功案例

截至 2022 年，我国高端蛋品牌已经超过 10 家，黄天鹅、圣迪乐村、德青源、福建光阳等均位列其中，典型的项目案例或企业布局如下。

（一）黄天鹅——可生食鸡蛋

凤集食品集团有限公司成立于 2018 年 7 月，核心团队深耕我国蛋品行业 20 余年，致力聚集全球优质产业资源，专注于高品质鸡蛋、高品质蛋制品、优质鸡苗与青年鸡的生产与销售，基于优质种源、领先技术、大客户资源，整合我国安全蛋品的供应链业务。公司通过高标准、高品质、高价值，给消费者奉献世界级的优质蛋品，再创鸡蛋的美好价值，在我国这个全球最大的蛋品生产与消费国，致力缔造一家世界级的蛋品冠军企业。公司已在四川彭州、四川盐亭、广西北海、宁夏固原、河北固安、浙江嘉兴、广东东莞等地布建养殖与加工基地，市场覆盖上海、北京、深圳、广州、杭州、成都等全国十余个大中型城市（见图 10-1）。仅用了 3 年多，蛋鸡养殖规模就达到 550 万只，蛋种鸡 40 万套，青年鸡年出栏 400 余万，年销售额逾 15 亿元，旗下"黄天鹅"品牌成为我国中高端鸡蛋的头部品牌（见图 10-2），是我国成长最迅速的蛋品领军企业之一（见图 10-3）。

| 广西北海 | 宁夏固原 | 四川成都 | 四川绵阳 |

| 浙江湖州 | 新疆阿勒泰 | 河北石家庄 |

图 10-1　七大养殖基地建设示意图

图 10-2　黄天鹅品牌鸡蛋　　　　　图 10-3　黄天鹅蛋品行业证书

1. 首夺世界食品界的"诺贝尔奖"

2019 年 6 月 3 日，在国际风味暨品质评鉴所（iTQi）举行的 2019 年国际食品饮料美味评鉴大赛上，黄天鹅可生食鸡蛋喜获国际"顶级美味奖章"。2020 年 4 月 7 日，世界食品品质评鉴大会组委会发来喜报：黄天鹅鸡蛋获得可食用鲜鸡蛋金奖。这是该奖项设置 59 年以来，中国鸡蛋品牌首次夺金，而黄天鹅鸡蛋在继获得国际食品饮料美味评鉴大赛的"顶级美味奖章"之后，又一次斩获世界级大奖——被誉为食品界"诺贝尔奖"的世界食品品质评鉴大会金奖。

2. 日式配方食粮喂养，添加益生菌，抑制沙门氏菌

黄天鹅蛋鸡饲料采用日式配方，以玉米、大豆、深海藻类、万寿菊精华等

天然饲料搭配喂养；强化维生素 D、维生素 E、锌等含量。生产的鸡蛋富含天然类胡萝卜素，蛋黄颜色天然金黄，营养更丰富。蛋鸡饮水达到人饮用水标准；母鸡饲料额外添加益生菌，增强鸡蛋蛋黄膜厚度，阻止沙门氏菌进入；为增强蛋鸡免疫力，利用天然中草药黄芪多糖等对母鸡进行保健，杜绝使用抗生素；严选原料，杜绝使用会产生腥味物质的菜籽粕等原料；添加大豆油等天然成分提升鸡蛋风味口感，造就香味浓郁、口感细腻的独有风味。

3. 日本 PPQC 标准严控卫生，杜绝沙门氏菌

选择海边等远离污染、气候适宜的养鸡场，引进德国、意大利等国际先进鸡舍环境控制设备，带有空调、通风系统，并要求以日本 PPQC 标准严格控制养鸡场环境卫生。养殖人员进出养鸡场，必须经过 2 次全身消毒，洗澡、更衣之后才能进入鸡舍，外来非养殖人员一律不得进入鸡舍，杜绝带入病菌。每月对养鸡场 15 个点进行全面沙门氏菌检测，检测采样数量近 1000 个，杜绝沙门氏菌感染风险。

4. 每枚鸡蛋严格筛选，杀菌消毒

每枚鸡蛋都要经过日本进口的自动设备清洗、洗去鸡蛋表面污渍，再进行紫外线杀菌，从而杀灭蛋壳表面细菌；进行严格的人工筛选、裂纹检测、重量筛选等，只保留符合标准的鸡蛋。黄天鹅鸡蛋的沙门氏菌标准远高于国家标准。经过权威机构检测，黄天鹅鸡蛋从未检出沙门氏菌。

5. 市场覆盖全

黄天鹅鸡蛋畅销北京、上海、广州、深圳等全国 20 多个大中型城市，是天猫、京东、盒马、叮咚等主流销售渠道的重点蛋品供应商，在中高端蛋品市场销量遥遥领先。

6. 科研技术先进完善

建立我国首个可生食鸡蛋研究院，与四川大学农产品加工研究院建立了蛋品深加工联合实验室，并聘请研究院常务副院长赵志峰为凤集蛋品深加工首席科学家。赵志峰为我国蛋制品精深加工领域的资深专家，深耕食品加工行业 20 余年，申请国家专利 171 项，获得省级科技成果 29 项，其中 2 项被评为"国际领先"；主导食品企业研发项目 500 余项，其多项技术已经应用于黄天鹅的蛋制品新品研发，并联合发起建立我国首个《可生食鸡蛋》团体标准（见图 10-4），2021 年凤集食品集团有限公司主导发起，中国农业国际合作促进会立项并制定标准，四川大学、四川农业大学、成都大学、《人民文旅》、北京京东世纪贸易有限公司、盒马生鲜等多方联合参与，制定了我国首个产学

研商联合制定的可生食鸡蛋的团体标准。此外，凤集食品集团有限公司还获得10余项专利技术，在蛋鸡养殖、蛋品品质提升、蛋品深加工领域具有领先的技术优势。

图10-4　《可生食鸡蛋》团体标准发布会

（二）赛桃花——生态营养蛋

1. 春风十里桃花寻，养血驻颜赛桃花

赛桃花生态鸡蛋之所以如此出名，原因是赛桃花生态鸡蛋生产前期给健康母鸡摄入补血元素，将必需的营养素和补血元素浓缩于鸡蛋中，人体摄入并吸收这些补血元素，达到补血的目的。赛桃花生态鸡蛋富含铁、硒、维生素 B_{12}、牛磺酸等补血元素，补血养颜，令人肌肤红润，容光焕发。

2. 蛋清富含优质蛋白，蛋清浓稠不易散

赛桃花生态鸡蛋由于含钙量高，蛋壳比较硬。对比蛋黄，普通鸡蛋的蛋黄一般是浅黄色，但赛桃花母鸡食用提取了当归、枸杞、人参等补血植物精华的饲料，产出的赛桃花生态鸡蛋的蛋黄呈较深的橘黄色，色泽饱满（见图10-5）。赛桃花生态鸡蛋的蛋清富含有高浓度的优质蛋白，蛋清会牢牢包裹着蛋黄，蛋清不易散开，哈氏单位较高。

图10-5　赛桃花生态鸡蛋（右）
与普通鸡蛋（左）对比

通过引进日本38年可生食鸡蛋标准，建立我国首家可生食鸡蛋企业标准，成立中国首个可生食鸡蛋研究院，定义国内高品质鸡蛋标准，成为我国蛋品行业未来发展升级方向的蛋品品牌。

（三）圣迪乐村——重要蛋品供应商

圣迪乐村是我国第一家高端蛋品公司，先后承担了科技部、自然科学基金委、四川省科技厅等国家科研项目10余项，并自建蛋鸡研究院，对标日本、德国的国际先进标准，自建"SDL标准"为国际级的蛋品品质标准。基于全产业链的品质保障以及全国基地布局的优势，圣迪乐村成为沃尔玛、山姆、永辉、麦德龙、华润万家、欧尚等国际性、全国性零售连锁企业的重

图 10-6 圣迪乐村品牌鸡蛋

要蛋品供应商，以及万豪、喜达屋、香格里拉、丽思卡尔顿等国际性五星级酒店以及肯德基、麦当劳等国际性餐饮企业的首选供应商（见图10-6）。

（四）德青源——纯天然鸡蛋

德青源公司成立于2000年，总部设立在北京，致力打造打造知名纯天然鸡蛋品牌，是以蛋品为核心，产业链上下游涵盖种禽和生物质能源的大型产业化公司。在我国设立多个养殖基地，集祖代、父母代、商品代蛋鸡养殖为一体，在养殖过程中实现农业废弃物资源化利用，创立了可持续发展的生态农业模式，建立了全球的循环

图 10-7 德青源品牌鸡蛋

经济标准，持续为消费者提供高品质的生态食品和清洁能源（见图10-7）。

（五）光阳蛋业——虫子鲜鸡蛋

福建光阳品牌属于福建光阳蛋业股份有限公司（以下简称"光阳蛋业"），创办于1995年，从年产值不及百万的小厂，一步一个脚印，发展成为年加工蛋品能力6万吨，综合实力居全国前列的行业龙头，是"农业产业化国家重点龙头企业""全国农产品加工业出口示范企业""亚洲蛋品协会副会长单位"。光阳蛋业工程技术

图 10-8 福建光阳品牌鸡蛋

中心通过国家蛋品加工技术研发分中心认定；作为第二起草单位制定了国家标准《蛋制品生产管理规范》（GB/T 25009—2010）；"光阳"商标被国家工商总局认定为"驰名保护"商标。光阳蛋业以"创造更高价值，树立行业典范"为宗旨，正努力跨越十亿并向百亿目标奋勇前进（见图10-8）。

五、对高端蛋品的未来展望

在我国，绿色、有机食品的发展刚刚起步，蛋鸡生产要进行规模化绿色、有机养殖。按生态营养学理论，围绕畜禽产品安全和减轻畜禽对环境污染等问题，从原料的选购、配方设计、加工等过程实行严格质量控制，并进行营养调控，满足消费者需求，采用标准化生产带给消费者品质保障。

在当前的大环境下，鸡蛋消费和蛋品产业都面临转型升级的压力，品牌鸡蛋的出现恰逢其时，其为市场与行业的发展都提供了新的动力和选择。借助引领消费潮流、创新产品种类、引入全新标准、打造国际品质、健全产业链条等创新方式，进一步促进了我国蛋品行业的持续转型升级。我们相信，随着品牌鸡蛋标准的进一步普及，我国蛋品行业将迎来更多发展机遇。

案例启示

◆ 随着人民生活水平的提高，崇尚绿色、天然食品，生产安全、优质的鸡蛋，保证消费者吃得健康成为大势所趋。品牌蛋严控卫生，杜绝沙门氏菌，采用天然饲料搭配喂养，使消费者吃得安全、健康、营养。

◆ 品牌蛋注重蛋品质，而高品质鸡蛋要求产蛋母鸡身体健康、饲养管理及蛋品加工规范，这可使蛋鸡产业的饲养管理模式跟国际接轨，降低疾病发生率，维持产业结构稳定，鸡蛋品质自然朝向安全、绿色、高品质的方向发展，实现蛋鸡产业发展的良性循环。

◆ 客观、理性、科学、正确地认识打造品牌蛋的优势和缺点，扬长避短，生产高品质的鸡蛋。

第十一章

广西水牛奶案例

广西有着"八山一水一分田"的地形特点，大多耕作土地都是依山傍水，从而使得农村农业耕作不能普及使用拖拉机等机械，养殖水牛进行劳力耕作成为了一种传统耕作模式。广西拥有全国最大的良种水牛繁育基地、全国最大的水牛冷冻精液生产中心和全国最大的水牛种公牛站，是全国唯一的优良水牛种源供应基地，良种供应全国第一。2020年中国乳品工业协会授予南宁市"水牛乳之都"称号。

1. 摩拉水牛

1957年6月，我国在印度购买的55头摩拉水牛（见图11-1）运达广州港，农林部分配给广东20头（公牛2头、母牛10头、母犊牛8头）、广西35头（公牛3头、母牛17头、母犊牛15头）。根据广西1957年至2008年有关摩拉水牛各项实际记录统计，摩拉水牛母牛平均泌乳期为281.6天，平均泌乳量1780.8 kg，305天产奶量为2067.4 kg。全乳固体含量16.4%，脂肪含量6.3%，蛋白质含量4.3%，平均产奶6个泌乳期。

图 11-1　摩拉水牛

2. 尼里-拉菲水牛

1973年周恩来总理出访巴基斯坦，贝·布托总统赠送了50头尼里-拉菲水牛（见图11-2）。这50头尼里-拉菲水牛分配给湖北25头（公牛5头、母牛20头）、广西25头（公牛10头、母牛15头）。根据广西1974年至2008年有关尼里-拉菲水牛各项实际记录统计显示，母牛平均泌乳期282天，平均泌乳量1878.6 kg，305天产奶量为2163.3 kg。全乳固体含量17.5%，脂肪含量6.5%，蛋白质含量4.2%，平均产奶5.1个泌乳期。

图 11-2　尼里－拉菲水牛

3. 地中海水牛

2007 年广西水牛研究所首次从意大利引进地中海水牛冻精 10700 支，经检疫后，2009 年起在隔离牛场分别用于我国的摩拉水牛、尼里－拉菲水牛以及本地水牛的人工授精。地中海水牛多用于与其他水牛进行杂交，杂种优势明显（见图 11-3）。2014 年底，统计的 3 头地中海水牛达到 305 天泌乳期，305 天产奶量为 1967.47 kg，最高日产 8.57 kg，平均日产 6.45 kg。经乳成分分析测定，总固形物含量 19.55%，非脂固形物含量 10.26%，蛋白质含量 4.54%，脂肪含量 8.25%，乳糖含量 5.27%。整体上水牛奶中常规养分含量要优于尼里－拉菲水牛。

图 11-3　地中海水牛

4. 水牛杂交改良

1958 年，广西开始利用引进的摩拉公牛与本地母水牛进行杂交试验，1963 年，水牛人工授精工作开始在全广西推广。2006 年国家开始实施奶牛良种补贴项目，广西、云南作为全国首批奶水牛良种补贴项目试点区，其中，广西是南方地区奶水牛产业开发最活跃的地区之一。2000 年重新开始加大改良水牛品种的工作力度，"十五"计划和"十一五"规划期间，广西分别杂交配种水牛 110.39 万头和 184.72 万头，产犊 29.24 万头和 81.81 万头，每年可生产摩拉水牛、尼里－拉菲良种水牛 300 头以上。在此这期间广西水牛研究所建所初期着重开展品种纯繁和乳肉兼用的三品杂水牛新品种培育研究，并繁殖一批三元杂水牛，成果可观。相关研究表明，具备了杂种优势的奶水牛第 1 个泌乳期产奶量达到了（1683.4±351.6）kg，乳脂率（8.7±2.1）%。广西坚持开展引进水牛与本地水牛的杂交改良，为奶水牛产业发展奠定了一定的基础。

截至 2018 年底，广西水牛研究所存栏河流型良种水牛共 888 头，其中摩拉水牛 478 头（公牛 78 头、母牛 400 头），尼里－拉菲水牛 255 头（公牛 45 头、母牛 210 头），地中海水牛 155 头（公牛 35 头、母牛 120 头），年供种能力为 250 头。而截至 2021 年，广西拥有水牛 230 多万头，为全国之最，水牛奶产量和销量也是全国第一。到 2019 年广西水牛存栏达到 400 多万头，依旧居全国之首。目前广西正在一步步落实"让牛奶强壮中华民族"的使命。

一、广西水牛奶的优势

1. 乳品优势

水牛奶是一种天然食品，具有浓稠、清香、营养丰富等特点，和普通牛奶相比，其总干物质含量约高出 50%，乳脂肪含量高出 1～2 倍，乳蛋白含量约高出 1.5 倍，矿物质钙的含量约高出 1.5 倍，因此，水牛奶被誉为奶中精品。水牛奶蛋白质含量高于普通牛奶，特别是 α－酪蛋白、β－酪蛋白和 κ－酪蛋白含量分别是普通牛奶的 1.53 倍、1.58 倍和 1.53 倍。免疫球蛋白是机体对抗病原微生物的物质基础，水牛奶中免疫球蛋白 A、免疫球蛋白 M 和免疫球蛋白 G 含量是普通牛奶的 16 倍。水牛奶中氨基酸含量也高于普通牛奶，含有人体不能自身合成的 8 种必需氨基酸。水牛奶脂肪含量高，脂肪球直径也大于普通牛奶。水牛奶脂肪酸种类丰富，特别是人体必需的脂肪酸如亚油酸、亚麻酸、花生四烯酸等含量较高；并且水牛奶的饱和脂肪酸低于普通牛奶，而不饱和脂肪酸则较普通牛奶高，水牛奶的不饱和脂肪酸 ω6 与 ω3 的比值为 3.08，有利

于促进人类机体的脂肪酸代谢（见表11-1）。水牛奶中总灰分含量约为0.88%，特别是钙含量丰富，是普通牛奶的1.5倍，水牛奶中的钙可与酪蛋白中丝氨酸的磷酸残基结合，形成更易于人体吸收的酪蛋白酸钙，因此，水牛奶是优良的补钙食品。水牛奶中维生素A、维生素C、维生素B_2、维生素B_{12}含量高于普通牛奶，且组成丰富，其中维生素A含量高于普通牛奶约1.7倍（见表11-2）。由于水牛奶的乳脂率较高，可更好地促进脂溶性维生素A、维生素D、维生素E、维生素K的吸收。水牛奶富含脂肪及生物保护因子，乳化特性好，特别适合加工成优质的奶酪等奶制品，如意大利每100 kg水牛奶可产莫泽雷勒（Mozzarella）奶酪25 kg，是荷斯坦牛奶的2倍，并且价格也是荷斯坦奶酪的3～5倍。虽然水牛奶的营养价值比普通牛奶高，但是最适合婴幼儿饮用的仍是人奶。

表11-1　水牛奶、普通牛奶与人奶的乳成分、蛋白质含量对比

营养成分		水牛奶	普通牛奶	人奶
乳成分 / %	总固形物	19.75	11.80	12.00
	乳脂肪	7.59	3.61	3.64
	乳蛋白	5.23	3.25	1.42
	乳糖	4.80	4.88	6.70
	总灰分	0.88	0.76	0.22
蛋白质含量 / g/kg	总酪蛋白	37.80	25.10	3.70
	αs-酪蛋白	18.70	12.20	0.43
	β-酪蛋白	14.20	9.00	2.40
	κ-酪蛋白	4.90	3.20	0.87
	总乳清蛋白	—	5.70	7.60
	β-乳球蛋白	3.90	1.14	—
	α-乳白蛋白	1.40	3.50	3.20
	免疫球蛋白A、免疫球蛋白M和免疫球蛋白G	10.70	0.67	1.30
	血清白蛋白	0.30	0.35	0.50
	乳铁蛋白	0.30	0.47	2.30
	溶菌酶 / μg/mL	15.00	18.00	—

表 11-2　水牛奶、普通牛奶与人奶的主要矿物质元素、维生素种类含量对比

营养成分		水牛奶	普通牛奶	人奶
矿物质元素含量 / mg/100 mg	钙	165.00	122.00	33.00
	磷	109.90	93.00	14.00
	镁	17.70	12.00	4.00
	钾	92.90	152.00	51.00
	钠	43.40	58.00	15.00
	氯	61.30	100.00	60.00
	铁	0.16	0.08	0.20
	铜	0.04	0.06	0.06
	锰	0.03	0.02	0.07
	锌	0.41	0.53	0.38
	碘	—	0.02	0.01
	硒 /μg/100 mg	—	0.96	1.52
维生素种类含量	维生素 A/μg/100 mL	69.00	46.00	—
	维生素 C/mg/100 mL	19.50~39.00	7.10~7.80	58.00
	维生素 E/mg/100 mL	0.19	0.07	—
	维生素 B_1/mg/100 mL	0.05	0.05	0.02
	维生素 B_2/mg/100 mL	0.17	0.11	0.04
	维生素 B_3/mg/100 mL	0.09	0.02	0.17
	泛酸 /mg/100 mL	0.37	0.15	0.20
	维生素 B_6/mg/100 mL	0.04	0.33	0.01
	叶酸 /μg/100 mL	0.60	5.00	5.50
	生物素 /μg/100 mL	2.02	2.00	0.40
	维生素 B_{12}/μg/100 mL	0.40	0.45	0.03

水牛奶另一个引人注目的特点是其具有很好的食品安全性。水牛适应性强，具有较强的抗病力和免疫力，目前世界范围内尚未有水牛疯牛病的病例报道。而且迄今为止，水牛的主要饲料仍为传统饲料——青草及农作物秸秆，没有饲喂过骨肉粉、鱼粉等动物性饲料。

2. 地理优势

广西位于我国南疆，地域横贯北回归线中部，属热带亚热带地区，具有独特的水文气候条件，丰富的农牧草资源和农作物秸秆资源。水牛对稻草粗纤维的消化率为79.8%，饲养需要大量的粗纤维植物，而且水牛具有耐高温、耐高湿、耐粗饲、性格温驯、易饲养、疾病少、使用年限长（10～15年）等优良的生物学特性，故适合在高温高湿的广西饲养。

3. 政策支持

国家相关部门对广西发展水牛产业一直十分关注和关心，早在20世纪50至60年代，就支持畜牧部门从印度、巴基斯坦引进水牛良种，并在良种保护、扩繁和科研方面给予支持。20世纪90年代以来，国家发展和改革委员会、财政部、农业部（今农业农村部）、科学技术部、中国科学院、国家外国专家局等部门对广西水牛开发给予了极大支持，安排了种源基地建设、中国－欧盟水牛开发、疫病防治、智力引进等一批大型项目和经费，并提供了宝贵的技术指导。2004年1月，回良玉副总理专门作出批示，要求完善奶水牛业发展纲要、规划、措施和政策支持，大力发展奶水牛产业。2005年6月农业部在北京召开了"中国奶水牛业发展高端战略研讨会"，农业部常务副部长尹成杰在讲话中指出，奶水牛产业是奶业的重要组成部分，建立南方奶水牛产业带是我国奶业区域协调发展的重要战略，列进国家奶业发展"十一五"规划。2005年广西壮族自治区人民政府出台了《关于加快农业优势产业发展的意见》，把水牛品种改良和水牛奶产业的开发列为主要内容，以推进广西奶水牛产业的发展。国务院相继下发了《关于促进奶业持续健康发展的意见》《奶业整顿和振兴规划纲要》等文件，为发展奶水牛产业提供了强有力的政策保障。

按照国家农业部《全国畜牧业发展第十二个五年规划（2011—2015年）》中"主要畜种布局及发展重点"中关于奶牛发展的规划要求，建设东北内蒙古产区、华北产区、西部产区、南方产区和大城市周边产区等五大奶业产区，大力推进奶牛标准化规模养殖，加强奶源基地建设，推动南方奶水牛产业发展。我国南方奶业的重点是发展奶水牛产业。与其他省份相比，广西拥有国内最大的水牛资源，目前，广西约有水牛438万头，约占全国水牛存栏总量的1/5。

此外，广西还具有全国独一无二的水牛种源优势，拥有国家级重点种牛场，是全国唯一的良种水牛育种繁育基地。在奶水牛领域，广西的奶水牛的繁育改良技术全国领先；在水牛奶系列产品的开发和品牌培育方面，广西水牛奶在国内的知名度不断提升，水牛奶产量位居全国第一。

二、广西水牛奶存在的问题

1. 奶源稀缺，成本高

我国奶水牛大规模改良时间较短，群体产奶量与其他奶牛相比仍然较低。尽管也有较高产奶量的个体，但数量远远不足。从产量来看，1 头奶水牛每年的产奶量在 2025 kg 左右，而 1 头低产黑白花奶牛每年的产奶量在 3540 kg 左右，高产黑白花奶牛每年产奶量超过 6000 kg。奶水牛资源相对稀缺，个体年产奶量低于 2 吨，仅为黑白花奶牛产奶量的 1/3。根据联合国粮农组织数据，2018 年全球水牛奶产量仅为全球乳品总量的 15%，因此实现量产需要大量的水牛资源。

养殖户将奶水牛作为专业的奶畜饲养，其生产积极性受到经济效益的影响，效益不佳时，养殖数量减少，也就意味着奶源减少，原料奶的生产不能满足加工企业的需求，于是生产线出现不饱和甚至闲置的情况，影响企业效益，久而久之，企业可能放弃水牛奶的收购，或长期拖欠养殖户的奶款，导致养殖户无法继续生存继而选择退出。

2. 奶水牛基础设施建设落后

奶水牛养殖管理水平参差不齐。总体来说广西奶水牛的饲养管理水平普遍偏低，虽然牛舍的卫生状况得以改善，大多数规模场都采用了机械挤奶，但是由于技术水平及资金投入不足等，未能很好地开发奶水牛的泌乳潜力。奶水牛的发展历史较短，产业基础薄弱，区域分布范围局限性大，产业发展总体规划欠缺，区域性规划也做得不够。与养殖技术先进、自动化程度高的荷斯坦奶牛相比，广西奶水牛还存在牧场布局分散、规模小、牧场设施落后等问题，特别是部分小牧场及养殖户，自动化程度低，仍存在人工挤奶现象。另外，出于环境安全的考虑，牧场位置一般较偏远，水利设施及交通运输基础设施不完善，加之冷链设施不完善，无法在短时间内完成原料奶的冷却及运输，原料奶的质量安全得不到保障。

3. 市场竞争激烈

随着居民生活水平的提高，消费者健康意识逐步提升，奶制品市场需求越来越大，奶制品市场的竞争也越来越激烈。市场上同质产品变多，产品差异化小，我国奶制品行业已经形成了以伊利、蒙牛为龙头引领，光明、新希望紧跟其后的格局，更有不少外资奶进入我国市场。在市场整体容量有限的情况下，作为升级替代品的水牛奶，最终还是要在奶制品主流市场品类里竞争。细分市场有限，只有抢占其他奶类的高端市场份额，才可以实现水牛奶品类份额的持续增长。

4. 水牛奶食品安全问题

目前我国并没有制定专门的水牛奶国家标准，但经广西壮族自治区食品安全标准审评委员会审查，先后发布有广西壮族自治区食品安全地方标准《生水牛乳》（DBS 45/011—2014）、《巴氏杀菌水牛乳》（DBS 45/012—2014）、《食品安全地方标准灭菌水牛乳》（DBS 45/037—2017）等关于水牛奶的地方标准。水牛奶国家标准的缺席，致使其行业规范性不够，产品标准不统一，相关部门管理困难。

据 2020 年 6 月 10 日广西壮族自治区市场监督管理局发布的关于发布 9 家食品生产企业检查情况的通告（2020 年第 70 期），自治区市场监督管理局组织的食品安全生产规范体系检查工作组发现：广西百菲乳业股份有限公司在整改情况、生产场所、设备设施、原辅料管理制度、物料储存和分发制度、过程管理制度、人员管理制度、检验管理制度、食品安全自查和事故处置等 9 个方面内容共 16 个检查项目中存在问题。

2021 年 3 月 26 日，广西百菲乳业股份有限公司还曾因生产的百菲酪水牛纯奶不符合食品安全标准规定，被市场监管部门处以超过 28 万元的罚款。

三、广西水牛奶的成功案例

（一）皇氏集团

皇氏集团股份有限公司（以下简称皇氏集团）自成立之初就致力奶水牛的养殖及水牛奶产品的研发工作，经过多年的努力取得了一系列的成果，水牛奶产品成功出口香港，同时通过在品牌上的宣传和多年的经营积累，水牛奶产品在广西乃至全国都具有较强的品牌优势，自 2003 年起，皇氏集团旗下品牌皇氏乳业生产的水牛奶系列产销量在全国持续名列前茅。在水牛奶研究方面，皇氏集团也取得了多项突破，在 2003 年至 2005 年担任国家科技攻关计划项目《水牛奶制品加工技术和标准研究》的主持单位，2006 年 11 月担任"十一五"国家科技支撑计划重大项目《奶业发展重大关键技术研究与示范》中《奶水牛生产技术集成研究与示范》课题的主持单位，发起并参与水牛奶产品标准的制定，使该项技术水平目前在我国保持领先优势。如今，皇氏集团已成为目前全国领先的水牛奶制品加工技术研发和产品生产加工企业。

（1）奶源方面。奶源来源广，以广西为发散点辐射全广西甚至邻省建立基地，保证了奶源来源的稳定，也便于监控生牛奶的品质，更有助于完成大规模生产，稳定生产。

（2）研发方面。2022 年广西在"两会"特别报道中提到，皇氏集团获得海关总署和国家农业农村部支持从巴基斯坦引进奶水牛优质种源的批复；与中国农科院水牛研究所、广西大学动物科学技术学院合作，建立皇氏集团的巴基斯坦奶水牛胚胎实验室，并且首次成功批量培育出"乳肉兼用"的尼里－拉菲水牛胚胎。

围绕国家种业振兴战略，通过种源建设推进广西奶水牛产业升级，用一颗奶水牛"种子"，改变一个产业的发展，助力广西现代特色水牛产业高质量发展。2021 年 12 月 19 日，皇氏集团启动了"助推产业升级　助力乡村振兴战略"发布会，计划在"十四五"期间，在广西布局 8 个奶水牛重点发展区域，建立 2 个万头繁育一体化牧场和 5 个千头智慧示范牧场。计划通过种源建设繁育的优质奶水牛存栏达 50 万头时，奶水牛相关产业产值将突破千亿，惠及 20 多万名农民增收致富。

（3）营销方面。皇氏集团主动进行数字化转型升级，借助大数据、云计算、新零售、云仓和现代物流等工具和营销手段，加快传统经营模式向数字化转型，开拓新渠道、新市场。因此在新业态、新模式引领新消费的大背景下，皇氏集团通过其"新产品、新媒体、新零售"的策略叠加"社区＋直播＋电商"的模式，使得公司的市场版图不断扩大。2020 年前三季度，皇氏集团实现营业总收入 17.1 亿元，同比增长 8.1%；实现归母净利润 3310.2 万元，同比增长 64.4%。可见皇氏集团对营销渠道的开拓颇有成效，近两年中消费群体的增加奠定了较大的基数。

（二）百菲乳业

作为广西地区农业龙头企业、得到广西奶业优质乳品牌等诸多荣誉的广西百菲乳业股份有限公司（以下简称"百菲乳业"），坐落于著名的"中国奶水

牛之乡"——广西灵山县,是集养殖、研发、加工、销售于一体的现代化企业(见图11-4)。灵山县是"中国奶水牛之乡",也是广西水牛奶最大的奶源产区之一。目前,全县有天然草地面积近150万亩、人工种植优质牧草5.35万亩,奶水牛存栏3.92万头以上、水牛奶产量达4.3万吨,存栏量、奶产量稳居广西首位。近年来,灵山县发挥资源优势,把发展奶水牛产业作为优化农业结构、建设现代农业、促进农民增收的重要举措来抓。

图11-4　百菲乳业养殖基地

百菲乳业养殖基地依山傍水,风景秀丽,场地清洁,远离噪声污染,通风排水良好,周围2000 m内无"三废"工厂、医院及垃圾场等污染源,交通便利,硬底化道路直通场内。基地总投资2400万元,占地1000多亩,建设有标准化牛舍18栋,约25000 m²,青贮池8500 m³,沼气池1000 m³、饲料草房200 m²、排污塘3333 m²,种植优良牧草"桂牧一号"200000 m²;配套有利拉筏提桶式机械挤奶系统一套以及地磅、饲料机组、铲车、铡草机等先进畜牧机械设备,防疫、排污设施完善,机械化生产水平较高。

在产品方面,百菲乳业的主要产品有低温奶、常温奶、学生奶等三大系列30多个品种,特别是百菲酪品牌系列产品(水牛纯奶、水牛高钙奶、水牛酸奶等)以原生态、高品质、口味好的特点深受消费者的青睐,畅销全国。除了品质占据优势外,成功的销售也给百菲乳业带来更大的收益,产品借助直播带货等线上平台,走入更多消费者的视线中,借助浓郁的奶香,精致的分量,醇厚的口感,走进了消费者的心中。2021年,百菲酪荣膺"2021町芒新乳业品牌榜",进一步打响了品牌的知名度。

为了得到优质奶源,百菲乳业提供资金和技术,帮助养牛户建立牛棚,并依存栏数量等情况,创建了包含养牛散户、养殖小区到养殖基地的完备生产模式。百菲乳业实行"公司＋基地＋农户"的经营管理模式，对农户进行统一收购鲜奶、统一规划、统一防疫和技术指导，并通过基地科学化、标准化、规范化的示范作用，促进农民进行产业调整。目前，百菲乳业已通过推广使用奶水牛典型日粮配方和科学的饲养管理等方法，使养殖基地在奶水牛人工授精技术应用、奶水牛单产等方面处于全国领先水平，成为优质奶源基地以及当前发展现代奶水牛业的示范样板。

（三）广西合浦县东园奶水牛养殖场

东园奶水牛养殖场位于合浦县城西北郊，始建于 2005 年 10 月，现已建成了广西最大的奶水牛养殖民营企业。牛场占地面积 1.33 km²，其中牧草 0.58 km²，鱼塘 0.41 km²，果蔬 0.27 km²，牛栏舍及配套沼气池占地约 0.08 km²，有标准化栏舍 7 幢共 18000 m²，存栏奶水牛 1776 头。该牛场创建一整套科学的东园式奶水牛养殖模式取得了良好的效益，1776 头牛每天需要饲草量近 15 吨，冬季饲草短缺较为突出，解决饲料的来源是养殖奶水牛的关键。合浦东园奶水牛养殖场的做法：一是自己种牧草；二是充分利用本地饲料资源，牛场周围栽种了 0.58 km² "桂牧一号"，由于牧草灌溉沼液、沼渣，肥水足，每亩牧草的年产量突破 10 吨。牛场所属的酒厂每日提供近 5 吨的工业酒糟；县城附近的啤酒厂、木薯加工厂、酒精厂、罐头厂、糖厂等每天提供的廉价的下脚料近100 吨；还有周围农户提供的大量玉米秆、甘蔗叶、甘蔗尾。这些饲料经加工混合后再经 EM 菌发酵均成为奶水牛适口性好的饲料。饲料来源充足而且廉价，为规模化养殖奠定了良好的物质基础。

东园奶水牛养殖场（以下简称东园牛场）仅用 32 名人员完成了 1776 头奶水牛养殖过程中每日的割草、运输、切碎、投料、清洗、挤奶、牛仔喂奶、牛奶加工、草地灌溉等各个环节，而且每个环节都是定员定岗定指标定责任，明确分工，各司其职，管理人员通力合作，协调分工，确保牛场正常运转。规模化养殖定员少，效率高，从而降低养殖成本。走"公司＋基地＋农户"的滚动发展模式后，东园牛场带动了 400 户农户饲养奶水牛 578 头，牛场与当地农户签订了奶水牛养殖有关协议，提供架子牛给农户，还发放补助每天每头牛 3.5 元。

主要的青饲料"桂牧一号"粗、长、壮，牛场利用了 2 台大型的日铡能力 50 吨的铡草机及 1 台揉搓机负责处理牧草的切碎工作，大大提高了牧草的利用率。

东园牛场的奶水牛挤奶方式不再使用传统的手工挤法，购进了三相电的脉冲式挤奶单机 9 台，每台仅需 1 个小时即可完成 30 头奶水牛的挤奶，比传统

的手工挤奶相比，减轻了劳动强度，缩短了劳动时间，提高了工作效率，也保证了牛奶的质量。

东园牛场实施无害化处理，解决了东园牛场自家酒厂的酒糟处理。整个东园牛场每天无害化处理酒厂酒糟近 5 吨，既可解决酒厂的酒糟污染问题，又可变废为宝，增加收入。这不仅使东园牛场所属的酒厂得到可持续的稳定发展，而且养牛治理酒糟污染为酒厂提供一个很好的解决思路。酒糟经东园牛场收购，通过 EM 菌生物处理、发酵、软熟处理成无臭、营养全面、易消化、适口性强、牛喜欢吃的饲料，减轻了这些企业的污染压力，不但促进了这些企业的可持续发展，也为保护本地区的环境做出贡献。

在生产和饲养管理方面实行人性化管理。在住的方面，东园牛场将这些"高贵"的牛请进了"牛宾馆"，为了让这些奶水牛住得舒适、安全，牛栏全部用铁栏制成，屋檐、屋顶高达 5m，通风透气，宽敞明亮。栏舍构造均为双列式，并且每个栏舍取名为"牛宾馆"，让东园牛场的每位员工把牛当作贵宾来"招待""服侍"，每一个栏舍的屋顶上方均装有淋浴喷雾器和电风扇，供牛淋浴和降温消暑。每个栏舍两边都装有音响，定时播放田园轻音乐，使整个生产区充满人与自然和谐发展的良好气氛。

在产品供应和销售方面，实行网络化管理。东园牛场供应的食品主要是原汁原味的高档水牛奶。新鲜水牛奶本身是一种营养价值全面、易吸收的液体，但不少水牛奶制造商在新鲜奶中加入固体营养填充剂，降低了水牛奶的含量，虽保持水牛奶的营养不变，却改变了水牛奶原汁原味的口感，改变了我国水牛奶与传统荷斯坦牛奶的区别。自始至终东园牛场的水牛奶都不脱脂、不添加任何种物质、保持原汁原味，经消毒后包装，水牛奶的售价在每千克 6～12 元不等，分别在大酒店、早餐店、专卖店等统一销售，深受消费者欢迎。

四、对广西水牛奶的未来展望

经过各大乳业公司在加工环节改善广西水牛奶风味和品质，以及相关的水牛养殖场的不断创新和探索，广西在奶水牛养殖业的发展上取得一定的成绩，同时我们也有远大的目标要去实现。

我们将继续依靠科技创新，培育性能更优秀的奶水牛新品种，建立高产奶水牛群体，大幅度提高奶水牛个体产奶量及水牛奶总量；形成与水牛养殖区域分布分散相适应的规模产业；将资源优势和科研优势转化为产业优势，进一步研发水牛奶制品，丰富水牛奶产品种类，提升水牛奶终端产品的竞争力；支持和成立带动整个产业链发展的龙头企业和产业联盟，能够更有效地整合各方资源；创造因地制宜的新运营模式，充分发展内生原动力，调动养殖者积极性。相信以此为方向，广西水牛奶的发展将势不可挡。大力发展水牛奶业，也将提升南方奶业在我国奶业中的地位，促进我国奶业均衡发展。

水牛奶产业的发展解决了农业机械化落后和水牛养殖的经济效益问题，成为农民增收致富的新产业，也为消费者提供了小众奶制品的新选择。但同时必须认识到我国的水牛奶业发展起点低，水牛奶业的发展仍具有长期性和艰巨性。

案例启示

◆ 广西水牛奶产业发展需要加强科研、养殖、加工、市场的合作。一是加强科技攻关，着力解决产业发展突出问题；二是强化龙头企业带动，发展壮大规模；三是打造优质高端品牌，增强市场竞争力影响力。此外，做好水牛奶的宣传、消费教育、相关政策需要完善等也是水牛奶产生发展的重中之重。

附录　畜禽产品生产安全控制体系与法规体系

我国是畜禽生产大国，随着生产和贸易的发展，畜禽质量安全问题也日益突出，因此如何突破现行管理体制对畜禽产品质量安全的约束，建设与完善畜禽生产安全控制体系与法规体系，为畜禽产品质量安全提供全面保障为当务之急。

一、畜禽产品生产安全控制体系

1. 完善畜产品质量安全管理保障体系

1.1. 构建疫病防控体系

健全动物疫情测报网络；对重大动物疫病防治实行计划免疫和强制免疫，强力推行免疫标识制度；集中力量加强动物疫病预防冷链建设；完善兽医实验室体系，加强动物疫情测报、流行病学研究、风险评估等动物疫情管理基础工作。

1.2. 畜禽良种繁育体系

建立层次分明的繁育结构，形成宝塔式种畜禽生产链；实行种畜禽生产、经营许可证制度，规范种畜禽生产、经营行为和方向；建立公正、权威的种畜禽质量检验和监督机制。

1.3. 畜产品质量监督检测体系

根据服务内容与需求量，科学设置、有效整合现有检验检测机构资源；适当增加投入，特别要加大对县级基层检验检测机构的投入，改善基层检测机构的各项硬件和软件设施。

2. 建立畜禽产品质量全程控制系统

2.1. 养殖环节的质量控制

（1）统筹规划，合理布局。通过政策引导，大力发展养殖小区等集约化养殖模式，并指导养殖企业科学选址，远离一切污染源。

（2）选育优良品种。深入贯彻落实《种畜禽管理条例》，加强种畜禽生产经营许可证的发放与管理，逐步建立符合我国畜牧业生产实际的育种、繁殖、

推广相互配套，科学高效，监督有力的良种繁育体系。

（3）确保投入品安全。严格执行国务院《兽医管理条例》《饲料和饲料添加剂管理条例》，禁止使用假冒伪劣以及成分功效不明确的兽药和饲料添加剂，从源头控制畜禽产品质量安全。

（4）严格的饲养管理。根据畜禽不同生长发育阶段，采用不同的饲养与管理方法，并向养殖人员灌输"防大于治"的思想理念，从动物自身出发实现高效健康养殖。实行全进全出的措施，规范养殖档案，并合理调节饲养管理措施。

（5）加强疫病控制。畜禽生产实行封闭管理，建立以预防为主的兽医保健体系，制定科学的免疫程序，强化防疫消毒设施，建立卫生防疫体系，实行全方位防疫。

（6）废物无害化处理。养殖场要设有对粪尿、污水、病死畜禽等进行无害化处理的设施，切断疫病传染源。

（7）强化监督检测。加强饲料质量和畜禽疫病的监测，建立科学、合理的药残、农残等有害物质和疫病防治的监控体系。

2.2. 加工环节的质量控制

屠宰加工企业设置。场址选择应远离居民住宅区、城市水源和畜牧场，避开具有污染源的地区和场所。厂区布局和工艺流程设计合理，屠宰设施器具清洁卫生。

屠宰过程对微生物污染的控制。严格宰前检疫和管理，实行充分的宰前淋浴或冲洗，保证畜禽屠宰前卫生。严格刀器具和用具的清洁与消毒，保持屠宰过程中免受微生物污染。

2.3. 流通环节的质量控制

流通环节监控是把好畜禽产品质量的最后一关，要严格执行动物运输检验检疫制度，对异地销售的畜禽产品要严格检疫，防止疫情扩散。加大市场环节的执法力度，严格执法。结合可追溯体系的建设，严格市场主体的准入机制和退出机制。

运用信息技术实现对肉品从"繁殖—饲养—屠宰—加工—冷冻—配送—零售—餐桌"全流程各个环节的可追踪性与可追溯性，确保畜禽产品供应链的每一个环节，尤其是屠宰环节和加工环节的信息准确性。通过给每个产品附上标记（如耳标、序号、日期、批号等）来实现，以便根据标记追查到生产过程中的各种质量记录，了解作业过程的条件和操作人员。一旦发现问题，能迅速查明原因，采取相应措施应对。

2.4. 畜产品质量安全控制监督体制

（1）健全组织机构，强化监督职责。各级人民政府分管领导定期召开各个监管部门参加的畜禽产品安全联席会议，在畜牧兽医局设立常设机构，加强畜禽产品质量安全监管各部门之间的沟通、联络，互通信息、协同配合。形成企业自查、区域检查、主管部门督查、传媒舆论监督相结合的监督机制。发现问题及时整改，逐级追究责任。

（2）加强市场监管，规范畜禽产品生产秩序。企业应当对畜禽产品安全承担首责和社会责任，向消费者提供合格的畜禽产品并与监管部门签订承诺畜禽产品安全协议，以此推动企业生产经营安全责任制度的落实，将责任链延伸到生产加工经营的各个环节。监督部门对持证企业实行巡查、回访及抽查等监管制度，巡查内容应覆盖从原料到产品出厂全过程。

（3）严格准入制度，净化畜禽产品经营市场。将目前实施的畜禽屠宰、肉类批发定点制改革为分级注册认证制，大力贯彻国家质量监督检验检疫总局发布的《食品生产加工企业质量安全监管办法》，实施市场准入许可证制度，要求畜禽产品加工企业未得到许可证不得生产；未经检验合格的畜禽产品不得销售。要充分发挥政府行政部门职能，从源头上铲除私屠滥宰，严禁病害有毒肉、注水肉流通，更大程度地保障人民群众的畜禽食品安全。

（4）完善预警机制，提高突变事件应对能力建立预警与危机反应机制。组建一个协调、有效的畜禽产品质量安全管理机构，负责收集发生畜禽产品质量安全问题的信息。在发生危机时，该机构可以迅速启动预警系统，鉴定和显示畜禽产品质量安全问题，并根据导致危害的性质对其进行监测、监视、追踪和处理。

（5）实行问题畜禽产品召回制度。畜禽产品的生产商、经销商或进口商在获悉其生产、经销或进口的畜禽产品存在可能危害消费者健康或安全的问题时，依法向政府部门报告，及时通知消费者，并从市场和消费者手中收回问题产品，尽最大可能消除危害风险。

二、畜禽产品生产法律法规体系

经过多年立法建设，我国建立起了以《中华人民共和国畜牧法》《中华人民共和国动物防疫法》《中华人民共和国农产品质量安全法》《中华人民共和国食品安全法》等法律为基础的多层次畜牧业、肉制品加工业法律法规体系，其他规范性文件包括的法律法规见附表1。

附表 1 其他规范性文件包括的法律法规

法律法规	主要内容
中华人民共和国畜牧法（2015 年修订）	对畜牧业生产经营行为，保障畜禽产品质量安全，保护和合理利用畜禽遗传资源，维护畜牧业生产经营者的合法权益，促进畜牧业持续健康发展等进行了规定
中华人民共和国动物防疫法（2021 年修订）	规范境内动物及动物产品的检疫、防疫，健康保护保障等内容
动物防疫条件审查办法（2022 年）	动物饲养场、动物隔离场所、动物屠宰加工场所，以及动物和动物产品无害化处理场所，应当符合相关规定的动物防疫条件，并取得动物防疫条件合格证
中华人民共和国农产品质量安全法（2022 年修订）	对农产品的养殖小区、兽药、饲料和饲料添加剂等使用情况进行了规定
中华人民共和国食品安全法（2021 年修订）	规范有关食品的质量安全标准及食用农产品安全有关信息
种畜禽管理条例（2011 年修订）	对畜禽品种资源保护、培育、种畜禽生产经营管理等做了规定
饲料生产企业审查办法（2006 年）	规范饲料生产企业设立的审查，对设立的要求和审查程序做出了相关规定
饲料和饲料添加剂管理条例（2017 年修订）	规范加强对饲料、饲料添加剂的管理，提高饲料、饲料添加剂的质量，保障动物产品质量安全
中华人民共和国进出境动植物检疫法（2009 年修正）	出境的动植物、动植物产品和其他检疫物，装载动植物、动植物产品和其他检疫物的装载容器、包装物，以及来自动植物疫区的运输工具等的相关检疫规定
饲料质量安全规范管理规范（2014 年）	规定了饲料生产企业需从原料采购与管理、生产过程控制、产品质量控制、产品贮存与运输、产品贮存与运输、培训、卫生和记录管理等环节保障饲料产品质量安全

续表

法律法规	主要内容
畜禽规模养殖污染防治条例（2013年）	对畜禽规模养殖的布局选址、环评审批、污染防治配套设施建设、弃物的处理方式、利用途径等做出规定，明确对污染防治和废弃物综合利用设施建设进行补贴等内容
中华人民共和国兽药管理条例（2020年修订）	主要对兽药生产企业、兽药经营企业、兽药医疗单位、新兽药审批和进出口兽药等做了相关行政许可和监督管理的规定
生猪屠宰管理条例（2021年）	对屠宰地点、监督管理、法律责任进行了限制和说明

　　作为现代农业产业体系的重要组成部分，畜牧业的稳定健康发展对加快农业产业结构优化升级、增加农民收入、改善居民膳食结构、提高国民体质具有重要意义。近年来，中共中央、国务院各部委出台了一系列与畜牧业、肉制品加工业发展状况相适应的政策性文件，而且多次以中央一号文件的形式对我国现代畜牧业的发展作出战略性部署（见附表2）。

附表2　一系列与畜牧业、肉制品加工业发展状况相适应的政策性文件

政策性文件	相关内容
2022年中央一号文件：《关于做好2022年全面推进乡村振兴重点工作的意见》	"稳定生猪生产长效性支持政策，稳定基础产能，防止生产大起大落。加快扩大牛羊肉和奶业生产，推进草原畜牧业转型升级试点示范""鼓励发展工厂化集约养殖、立体生态养殖等新型养殖设施""推进农业农村绿色发展。加强农业面源污染综合治理，深入推进农业投入品减量化，加强畜禽粪污资源化利用"等

续表

政策性文件	相关内容
2021 年中央一号文件：《关于全面推进乡村振兴加快农业农村现代化的意见》	"农业供给侧结构性改革深入推进，猪产业平稳发展，农产品质量和食品安全水平进一步提高""加强畜禽粪污资源化利用""加快构建现代养殖体系，保护生猪基础产能，健全生猪产业平稳有序发展长效机制，积极发展牛羊产业，继续实施奶业振兴行动，推进水产绿色健康养殖"等
2020 年中央一号文件：《关于抓好"三农"领域重点工作确保如期实现全面小康的意见》	"以北方农牧交错带为重点扩大粮改饲规模，推广种养结合模式。""坚持补栏增养和疫病防控相结合，推动生猪标准化规模养殖""严格执行非洲猪瘟疫情报告制度和防控措施""加强动物防疫体系建设""支持各地立足资源优势打造各具特色的农业全产业链"等
2019 年中央一号文件：《关于坚持农业农村优先发展做好"三农"工作的若干意见》	"合理调整粮经饲结构，发展青贮玉米、苜蓿等优质饲草料生产""实施农产品质量安全保障工程，健全监管体系、监测体系、追溯体系""加大非洲猪瘟等动物疫情监测防控力度""推动智慧农业、绿色投入品等领域自主创新""发展生态循环农业""推进农业由增产导向转向提质导向""合理调整粮经饲结构，发展青贮玉米、苜蓿等优质饲草料生产""继续组织实施畜禽良种联合攻关，加快选育和推广优质草种"等

续表

政策性文件	相关内容
2018 年中央一号文件：《关于实施乡村振兴战略的意见》	"坚持质量兴农、绿色兴农，以农业供给侧结构性改革为主线，加快构建现代农业产业体系、生产体系、经营体系""加快发展现代农作物、畜禽，提升自主创新能力""实施食品安全战略，完善农产品质量和食品安全标准体系，加强农业投入品和农产品质量安全追溯体系建设，健全农产品质量和食品安全监管体制""大力开发农业多种功能，延长产业链、提升价值链""优化资源配置，着力节本增效""推进有机肥替代化肥、畜禽粪污处理"等
关于促进畜牧业高质量发展的意见（2020 年）	禽肉和禽蛋实现基本自给，到 2025 年畜禽养殖规模化的概率和畜禽粪污综合利用率分别超过 70% 和 80%，到 2030 年分别超过 75% 和 85%
关于加快推进畜禽养殖废弃物资源化利用的意见（2017 年）	要坚持保供给与保环境并重，构建种养循环发展机制，实行以地定畜，确保畜禽粪肥科学合理施用，鼓励沼液和经无害化处理的畜禽养殖废水还田利用
关于加快推进畜禽标准化规模养殖的意见（2010 年）	畜禽标准化生产，就是在场址布局、栏舍建设、生产设施设备、良种选择、投入品使用、卫生防疫、粪污处理等方面严格执行法律法规和相关标准的规定，并按程序组织生产的过程。实现畜禽良种化、养殖设施化、生产规范化、防疫制度化、粪污处理无害化和监管常态化
"十四五"全国畜牧兽医行业发展规划（2021 年）	提出到 2025 年畜禽粪污综合利用率超过 80%，形成种养结合、农牧循环的绿色循环发展新方式